Karl Herrmann

Exotische Lebensmittel

Inhaltsstoffe und Verwendung

Für Biologen, Chemiker und Ernährungswissenschaftler

Zweite, überarbeitete Auflage

Mit 20 Abbildungen und 19 Tabellen

Springer-Verlag
Berlin Heidelberg New York
London Paris Tokyo

Prof. Dr. Karl Herrmann
Vorstand des Instituts für Lebensmittelchemie
der Universität Hannover
Wunstorfer Str. 14, D-3000 Hannover 91

Der Umschlag zeigt ein Bild aus dem „Kreutterbuch" des Hieronymus Bock aus dem Jahre 1577. Hier heißt es: ‚Marcellus Vergilius schreibet vom Pfeffer also / wie das ihm ein blatt vom stauden des Pfeffers sey zu kommen / sey gewesen einer spannen lang / vier finger breit / von farben bleichgrün / durch auß mit siben rippen / beynahe anzusehen als ein Wegerichblatt / doch spitzer / und die gemeltem Virgilio solch blatt brachten / redten also daruon / wie das der Pfeffer nicht auff beumen / sonder an den stauden wachß / die sich wie die Waltreben oder Lynen an die beum anbinden / daran sie auffwachsen.'

ISBN-13: 978-3-540-16830-0 e-ISBN-13: 978-3-642-71393-4
DOI: 10.1007/978-3-642-71393-4

CIP-Kurztitelaufnahme der Deutschen Bibliothek
Herrmann, Karl: Exotische Lebensmittel:Inhaltsstoffe u. Verwendung; für Biologen, Chemiker u. Ernährungswiss./Karl Herrmann.-2., überarb. Aufl.-Berlin; Heidelberg; New York; London; Paris; Tokyo:Springer, 1987.

Das Werk ist urheberrechtlich geschützt. Die dadurch begründeten Rechte, insbesondere die der Übersetzung, des Nachdruckes, der Entnahme von Abbildungen, der Funksendung, der Wiedergabe auf photomechanischem oder ähnlichem Wege und der Speicherung in Datenverarbeitungsanlagen bleiben, auch bei nur auszugsweiser Verwertung, vorbehalten. Die Vergütungsansprüche des § 54, Abs. 2 UrhG werden durch die „Verwertungsgesellschaft Wort", München, wahrgenommen.

© Springer-Verlag Berlin Heidelberg 1983, 1987

Die Wiedergabe von Gebrauchsnamen, Handelsnamen, Warenbezeichnungen usw. in diesem Werk berechtigt auch ohne besondere Kennzeichnung nicht zu der Annahme, daß solche Namen im Sinne der Warenzeichen- und Markenschutz-Gesetzgebung als frei zu betrachten wären und daher von jedermann benutzt werden dürften.

Gesamtherstellung: Appl, Wemding
2152/3140-543210

Vorwort zur ersten Auflage

Als der Springer-Verlag an mich herantrat, ein Buch über exotische Lebensmittel für einen weiten Leserkreis zu schreiben, stimmte ich gerne zu, gehört doch dem Obst, Gemüse und den Gewürzen schon lange mein persönliches und wissenschaftliches Interesse.

Um den Preis des Buches erschwinglich zu halten, mußte eine Begrenzung des Inhalts erfolgen. So wurde das Schwergewicht auf die pflanzlichen Lebensmittel gelegt und wurden vor allem solche ausführlicher behandelt, die bereits den Weg in unsere Lebensmittelgeschäfte gefunden haben. Bei den Gewürzen wurde eine Auswahl nach deren Wichtigkeit getroffen. Da bei den exotischen tierischen Lebensmitteln hauptsächlich marine Bedeutung haben, wurden diese im letzten Kapitel – wenn auch relativ kurz – behandelt.

Mein Dank gilt allen, die bei der Entstehung des Buches mitgewirkt haben, den Gewerbelehrerinnen Corsen, Plagens, Schnittger, Willers und Wittwer für ihre Vor- und Zuarbeiten im Rahmen ihrer Examensarbeiten, meiner Sekretärin, Frau Mitlehner, für die viele Schreibarbeit, den Damen und Herren der Universitätsbibliothek für die Literaturbeschaffung, vor allem Herrn Dr. Boschke vom Springer-Verlag für die vorzügliche Zusammenarbeit, und last not least meiner Frau für ihr Verständnis.

Hannover, im November 1982   Karl Herrmann

Die gute Aufnahme des Bändchens bedingte rasch eine Neuauflage. Hierbei wurden die eingegangenen Anregungen ebenso berücksichtigt wie die seit der 1. Auflage erschienenen Veröffentlichungen.

Danksagung

Die Abbildungen 3, 5, 10, 11 und 16 verdanke ich dem Entgegenkommen der Forschungsabteilung der Beratungsgesellschaft für Nestlé Produkte in La Tour-de-Peilz (Schweiz); die Abbildungen 4, 7, 8, 9, 14, 15 und 18 sind dem Werk von Heinz Brücher: Tropische Nutzpflanzen entnommen. Herrn Dr. Woller, Trier, danke ich für die Abb. 13, Frau Wittwer für die Abb. 6 und Frau Plagens für die Abb. 12 und 17. Das Übersichtsphoto wurde mir von der Profil & Werbe Verlagsges. in Bremen durch Vermittlung des Fruchthofes Bremen – Informationsdienst – zur Verfügung gestellt.

Für den Hauptteil der Rezepte bzw. Rezeptangaben exotischer Früchte und Gemüse habe ich mich ebenfalls beim Fruchthof Bremen – Informationsdienst – zu bedanken.

Inhaltsverzeichnis

1.	Einleitung	1
2.	Obst	3
2.1.	Inhaltsstoffe	3
2.2.	Chemische Zusammensetzung	6
2.3.	Aufbewahrung exotischer Obstarten im Haushalt	7
2.4.	Obstdauerwaren und Obsterzeugnisse	8
2.5.	Mango	9
2.6.	Kaschu-Apfel und Spondias-Früchte	16
2.7.	Avocado	18
2.8.	Kiwi	23
2.9.	Papaya	25
2.10.	Guave und andere Myrtaceae-Früchte	29
2.10.1.	Guave	29
2.10.2.	Andere Guaven-Arten	31
2.10.3.	Eugenia/Syzygium-Arten	32
2.11.	Granatapfel	33
2.12.	Passionsfrüchte	36
2.13.	Citrusfrüchte	39
2.14.	Litschi, Longan und Rambutan	44
2.14.1.	Litschi	44
2.14.2.	Longan	46
2.14.3.	Rambutan	47
2.15.	Cherimoya und andere Annona-Arten	47
2.16.	Kaki und Lotuspflaume	51
2.16.1.	Kaki	51
2.16.2.	Lotuspflaume	53

Die Bezeichnung der Pflanzen erfolgte nach F. Enke/G. Buchheim/
S. Seybold: Zander Handwörterbuch der Pflanzennamen, 13. Auflage,
Stuttgart: Ulmer 1984.

2.17.	Mangostane und Mammey-Apfel	53
2.18.	Sapodille und die verschiedenen Sapoten	54
2.19.	Johannisbrot, Tamarinden und Tamarindenmus	57
2.20.	Brotfrucht und Jackfrucht	59
2.20.1.	Brotfrucht	60
2.20.2.	Jackfrucht	61
2.21.	Durian	62
2.22.	Kaktusfeigen	64
2.23.	Naranjilla, Baumtomate und Kapstachelbeere	65
2.23.1.	Naranjilla und weitere Solanum-Früchte	65
2.23.2.	Baumtomate	67
2.23.3.	Kapstachelbeere und Mil-Tomate	68
2.24.	Beeren der Rubus- und Vaccinium-Arten	68
2.24.1.	Rubus-Arten	69
2.24.2.	Vaccinium-Arten	70
2.25.	Weitere exotische Früchte	72
3.	Nüsse	79
3.1.	Kaschukerne (Cashewkerne)	79
3.2.	Pecan	82
3.3.	Macadamianüsse	83
3.4.	Pistazien	85
3.5.	Sonstige Nüsse	85
4.	Gemüse	87
4.1.	Aubergine	90
4.2.	Artischocke	91
4.3.	Radicchio	93
4.4.	Okra	93
4.5.	Batate (Süßkartoffel)	95
4.6.	Cassave	97
4.7.	Yam	97
4.8.	Pfeilwurz und Taro	98
4.9.	Kochbanane	99
4.10.	Gurkengewächse	99
4.10.1.	Chayote	100
4.10.2.	Weitere Gurkengewächse	101
4.11.	Wasserkastanien	102
4.12.	Bambus-Sprossen	103
4.13.	Palmenherzen	104

4.14.	„Spinat"	105
4.15.	Weitere Gemüsearten	107
5.	Leguminosen/Hülsenfrüchte/ Sojabohnenprodukte	111
5.1.	Bohnen	111
5.2.	Kichererbsen	115
5.3.	Sojabohnen	115
5.4.	Sojabohnensprossen (Sojabohnenkeimlinge)	117
5.5.	Sojamilch und Tofu	118
5.6.	Durch Fermentation gewonnene Sojaprodukte	119
5.6.1.	Sojasoße (Shoyu)	120
5.6.2.	Miso (Sojapaste)	122
5.6.3.	Tempeh	123
5.6.4.	Sufu (Chinesischer Sojabohnen-Käse)	124
5.6.5.	Natto (fermentierte ganze Sojabohnen)	124
6.	Alkoholische Getränke	127
6.1.	Obstweine und Weinähnliche Getränke	127
6.2.	Palmwein	128
6.3.	Alkoholika aus Agaven	129
6.4.	Saké	129
6.5.	Sorghum-Bier	131
7.	Gewürze	133
7.1.	Pfeffer	133
7.2.	Ätherische Öle in Gewürzen	134
7.3.	Die einzelnen Gewürze	137
8.	Ausblick auf exotische Lebensmittel des Tierreichs	145
8.1.	Säugetiere und Vögel	145
8.2.	Seefische	146
8.2.1.	Makrelen und Thunfische	148
8.2.2.	Haifische	149
8.2.3.	Lachse	150
8.3.	Fischerzeugnisse des Fernen Ostens und Südostasiens	150
8.4.	Süßwasserfische	153
8.5.	Krebstiere (Krustentiere)	154
8.5.1.	Schwimmende Krebse (Garnelen)	154

8.5.2.	Kriechende Krebse (außer Krabben)	155
8.5.3.	Krabben	156
8.6.	Weichtiere	157
8.6.1.	Schnecken	157
8.6.2.	Muscheln, Austern	158
8.6.3.	Tintenfische	159
8.7.	Stachelhäuter	160
8.8.	Froschschenkel	161
8.9.	Geröstete Insekten	161
9.	Anhang	163
10.	Sachverzeichnis	173

1. Einleitung

Die Länder unserer Erde sind durch die schnelle Entwicklung des Verkehrs, besonders des Luftverkehrs, eng zusammengerückt. Mitteleuropäer kommen in fast alle Ecken der Welt. Seit einiger Zeit nimmt daher auch das Interesse an Lebensmitteln zu, die fern unserem Lande eine Rolle spielen. Man geht etwa chinesisch oder indonesisch essen, und in unseren Supermärkten trifft man zunehmend fremde Lebensmittel, vor allem Obst.

Vor nur 100 Jahren war das noch ganz anders. Tomaten und Blumenkohl etwa spielten keine Rolle. Mit Orangen, Grapefruits und Bananen war es ebenso. Wer kannte damals schon Ananas? 1930 lag die Weltproduktion an Ananas erst bei etwa 300 000 t, jetzt sind es über 5 Millionen!

Als Tee trinkt man heute in Europa fast ausschließlich schwarzen Tee. Dabei kam dieser (ca. 40 kg) erstmals 1839 nach Europa (London). Innerhalb weniger Jahrzehnte verdrängte er den damals bekannten grünen Tee in unserem Erdteil fast vollständig. Erst heute beginnt man sich gelegentlich zurückzubesinnen und kann wieder grünen Tee kaufen.

Schmökert man in einem 100 Jahre alten Lebensmittelbuch, z. B. in E. Smith: Foods (1873), so fällt der Unterschied zwischen damals und heute auf. So werden in dem Buch auf Tomaten („man kann sie gekocht als Gemüse verzehren oder zu Soße verarbeiten") ganze zwei Zeilen verwendet, auf Brennessel hingegen acht. Vom Blumenkohl ist gerade das Wort erwähnt. Nur jene tropischen Obstarten werden beschrieben, die in den damaligen britischen Kolonien, vor allem in Indien, eine Rolle spielten.

Das eine oder andere heute noch seltene Lebensmittel wird im nächsten Jahrhundert auch bei uns alltäglich werden und damit den Hauch des Exotischen ablegen. Dafür werden andere Lebensmittel an Bedeutung verlieren oder bedeutungslos werden, wie es mit Brennessel oder Löwenzahn geschah. Die vielen Frischpilze, die man in den 20er und 30er Jahren dieses Jahrhunderts in Deutschland auf dem Markte preiswert kaufen konnte, werden der Vergangenheit angehören, wenn man nicht lernt, diese und jene Art preiswert anzubauen. So beeinflussen auch wirtschaftliche Veränderungen unseren Lebensmittelkorb, gestern, heute und morgen.

Die Verbesserung der Lebensmitteltechnologie, insbesondere auf dem

Gebiet der Haltbarmachung (Naßkonservierung), macht es bereits möglich, so manches exotische Produkt nach Deutschland zu importieren. Die Züchtung tut ein übriges.

In diesem Buch liegt das Schwergewicht auf den pflanzlichen Lebensmitteln Obst, Gemüse, Leguminosen, Nüssen und Gewürzen. Es soll und kann kein Kochbuch ersetzen; es möchte das Verständnis der pflanzlichen exotischen Lebensmittel, ihrer Herkunft, ihrer Inhaltsstoffe und ihrer Verwendung dem Verbraucher, dem Touristen, kurz jedem Interessierten, näherbringen.

Auf *Pilze,* die aus fernöstlichen Ländern unter den verschiedensten Bezeichnungen nach Deutschland getrocknet oder in Dosen importiert werden, wird verzichtet, da – vom Champignon abgesehen – aus den Bezeichnungen in der Regel nicht zu ersehen ist, um welche Pilzarten es sich wirklich handelt.

Auch wird nicht auf das *Zuckerrohr* eingegangen, aus dem die verschiedensten Produkte wie Rum gewonnen werden. Es ist aber als getrocknetes Zuckerrohr und als Zuckerrohrsaft (Sugar Cane) bei uns im Handel anzutreffen.

Aus Platzgründen mußte auf Seetang und die meist aus Gemüse durch Milchsäuregärung hergestellten traditionellen Produkte Ost- und Südostasiens verzichtet werden.

2. Obst

„Obst" nennt man im deutschen Sprachgebrauch saftig-fleischige Früchte, die von mehrjährigen Pflanzen (Holz- oder Staudengewächse) stammen und roh verzehrt werden können. Im Obstbau und -handel werden auch die Nüsse (siehe S. 79) als Obst („Schalenobst") bezeichnet. Die saftigen Früchte einjähriger Pflanzen – wie Tomate, Gurke – rechnet man zum Gemüse (Fruchtgemüse). Der Botaniker unterscheidet die Früchte nach ihrem morphologischen Aufbau und spricht z. B. von Beeren (Heidelbeere, Orange, Kürbis), Steinfrüchten (Kirsche, Pflaume), Sammelfrüchten (Himbeere) oder Scheinfrüchten (Apfel). Bei Steinfrüchten ist ein fester meist einsamiger Steinkern vom Fruchtfleisch umgeben. Sammelfrüchte bestehen aus einer größeren Zahl von Einzelfrüchten, wie an der Himbeere gut erkennbar ist. Bei Scheinfrüchten sind Gewebe außerhalb des Fruchtknotens maßgeblich am Fruchtaufbau beteiligt, daher „Scheinfrucht".

2.1. Inhaltsstoffe

Wie botanisch, so sind die fleischig-saftigen Obstfrüchte auch chemisch eine recht einheitliche Gruppe von Lebensmitteln. Dies drückt sich in der chemischen Zusammensetzung aus. Der *Wassergehalt* ist bei den einzelnen Arten und häufig selbst bei gleicher Sorte unterschiedlich. Im frischen, reifen Zustand enthält Obst 70–90%, in der Regel 80–85% Wasser.

Die *Trockensubstanz* reifer Früchte besteht mit wenigen Ausnahmen wie Zitronen überwiegend aus Zuckern. Das sind in der Regel fast ausschließlich Glucose, Fructose und Saccharose. Die Gehalte an Glucose und Fructose sind oft recht ähnlich, während der Saccharose-Gehalt je nach Obstart zwischen 0 und 75% des Gesamtzuckergehaltes schwanken kann. Auch hier wirken sich oft Sortenunterschiede stark aus.

Obst enthält in der Regel kaum *Fett*. In wesentlichen Konzentrationen kommt es wohl nur in Oliven (14–20%) und Avocados (5–35%) vor. Bei allen anderen Obstarten liegt ein sogenannter „Rohfett"-Anteil meist in der

Größenordnung von 0,1–0,5% des Gesamtfrischgewichtes. Er besteht neben etwas Fett aus Wachsen und einigen anderen Stoffen, die nur gemeinsam haben, daß sie mit Fettlösungsmitteln aus der Probe extrahiert werden können.

Die Angaben des *Protein-Gehaltes* (Eiweiß) sind in der Regel Ergebnisse von Stickstoff-Bestimmungen. Auf das Gesamtfrischgewicht bezogen, liegen sie meist bei 0,3–1,3%. Herausragende zuverlässige Gehalte sind uns nicht bekannt. Der erwachsene Mensch benötigt täglich 0,8 g Protein pro kg Körpergewicht.

Als hauptsächliche *Säuren* dominieren beim Obst – soweit geprüft und bekannt – die Äpfelsäure und/oder die Zitronensäure. Daneben treten andere Säuren meist in geringer Konzentration auf.

Der *Mineralstoffgehalt* liegt bei allen Obstarten und -sorten, bezogen auf die Trockensubstanz, etwa in gleicher Größenordnung. Hauptbestandteil ist das Element Kalium, während Natrium in sehr geringer Konzentration (1–3 mg/100 g, seltener höher) auftritt. Bei den Mineralstoffen besteht bei ausreichender Ernährung die Gefahr eines Mangels nur für Calcium und Eisen (empfohlene Tagesaufnahme für den Mann 800 bzw. 12 mg, für die Frau 800 bzw. 18 mg). Aus dieser Sicht sind die Calcium-Gehalte des Obstes ohne Wert, während man manchen bisher angegebenen Eisen-Gehalten eine größere Bedeutung zumessen könnte. Leider fragt es

Organische aliphatische Säuren des Obstes und Gemüses

Oxalsäure	$HOOC-COOH$
Malonsäure	$HOOC-CH_2-COOH$
Bernsteinsäure	$HOOC-CH_2-CH_2-COOH$
Fumarsäure	$\begin{array}{c} CH-COOH \\ \parallel \\ HOOC-CH \end{array}$
Milchsäure	$CH_3-CH(OH)-COOH$
Äpfelsäure	$\begin{array}{c} HO-CH-COOH \\ \mid \\ CH_2-COOH \end{array}$
Weinsäure	$\begin{array}{c} HO-CH-COOH \\ \mid \\ HO-CH-COOH \end{array}$
Zitronensäure	$\begin{array}{c} CH_2-COOH \\ \mid \\ HO-C-COOH \\ \mid \\ CH_2-COOH \end{array}$
Oxalessigsäure	$HOOC-CH_2-CO-COOH$
α-Ketoglutarsäure	$HOOC-CH_2-CH_2-CO-COOH$

Hinzu kommen die alicyclische Chinasäure und Shikimisäure.

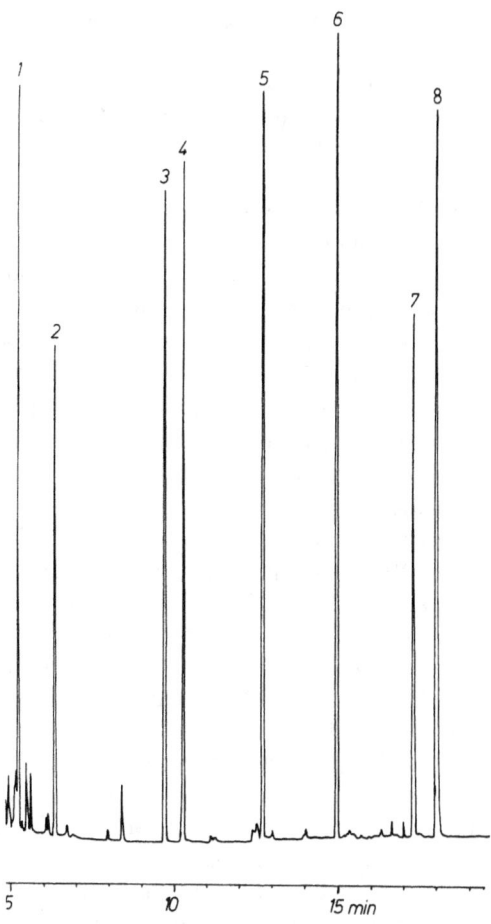

Abb. 1. Kapillar-Gaschromatogramm der wesentlichsten organischen Säuren des Obstes und Gemüses. Die Kapillar-Gaschromatographie ist ein modernes analytisches Trennverfahren für verdampfbare Stoffe, das auf Adsorptionseffekten beruht. Das Gasgemisch der chemischen Verbindungen, in diesem Fall der Säuren (als TMS-Derivate) von Obst und Gemüse, wird getrennt und verläßt mit zeitlichem Abstand das Gerät (im Bild zwischen 5 und 20 min). Aus Höhe und Breite der Registrierlinien (peaks) kann die Menge der betreffenden Substanz berechnet werden. 1 = Milchsäure, 2 = Oxalsäure, 3 = Bernsteinsäure, 4 = Fumarsäure, 5 = Äpfelsäure, 6 = Weinsäure, 7 = Zitronensäure, 8 = Chinasäure

sich, ob die mit älteren Methoden erhaltenen Werte einer Nachprüfung mit modernen zuverlässigen Methoden standhalten würden. Es fällt auf, daß in neueren Arbeiten oft recht niedrige Eisen-Gehalte gefunden werden.

Auch die bisher festgestellten *Vitamin-Gehalte* – mit Ausnahme von Provitamin A (β-Carotin) und Vitamin C – sind im Obst oft zu gering, um für den täglichen Vitaminbedarf Bedeutung zu haben. Dagegen weist eine größere Zahl tropischer und subtropischer Obstarten – nicht aber alle! – beträchtliche Vitamin C-Gehalte auf, zum Teil auch deutliche bis hohe Provitamin A-Gehalte. Bei Vitamin C werden täglich 75 mg, bei Provitamin A etwa 5 mg empfohlen.

Zum ansprechenden *Aroma der Obstfrüchte* tragen neben Zuckern und Säuren flüchtige Aromastoffe bei, die häufig erst während der Reife entstehen. Die modernen Analysenverfahren der Kapillar-Gaschromatographie, gekoppelt mit einem Massenspektrometer, haben es ermöglicht, viele unterschiedliche Aromabestandteile, meist 100 und mehr, bei einer Obstart zu identifizieren. Die Aromastoffe liegen in äußerst geringer Konzentration vor. Das Gemisch *aller* flüchtigen Aromastoffe beträgt meist etwa 1-10 mg/100 g Frischgewicht, wobei die einzelnen Stoffe $1\text{-}10^{-6}$ mg/100 g ausmachen.

Auch sind an Inhaltsstoffen häufig *Pflanzenphenole* wichtig, die als Farbstoffe erwünscht und für Mißfärbungen unerwünscht sind und bei höheren Gehalten auch den Geschmack beeinflussen können. Hierzu zählen die Gerbstoffe (Tannine).

Weiterhin sind an *Kohlenhydraten* neben den angeführten Zuckern Polysaccharide wie Cellulose und sog. Hemicellulosen als Bestandteile der Zellwand und Pektine in den Zwischenlamellen der Zellen und in den primären Zellmembranen enthalten. Sie werden meist noch als „Rohfaser" bestimmt und sind als „Ballaststoffe" ernährungsphysiologisch bedeutsam. Stärke ist Bestandteil unreifer Früchte und wird mit zunehmender Reife praktisch vollständig abgebaut.

Schließlich beruht die *Färbung der Früchte* auf blauen, roten oder violetten Anthocyaninen, die Pflanzenphenole darstellen, auf grünem Chlorophyll oder auf gelben bis roten Carotinoiden, zu denen das β-Carotin (Provitamin A) zählt.

2.2. Chemische Zusammensetzung

Die chemische Zusammensetzung der exotischen Obstarten ist im wesentlichen in der Tabelle 1 (siehe Anhang, S. 163) enthalten. Der unterschiedliche Wassergehalt und die unterschiedliche Zusammensetzung der Trockenmasse der einzelnen Früchte ergeben gewisse Schwankungen der Mengen bei den Hauptinhaltsstoffen und vor allem beträchtliche Schwankungsbreiten bei den Vitaminen. Bei den Vitaminen und den meisten Mi-

neralstoffen kommt hinzu, daß oft nur relativ wenige Werte gemessen wurden und unterschiedliche analytische Methoden – verständlicherweise – zu unterschiedlichen Werten geführt haben. Man sollte also Zahlenwerte aus Lebensmittel-Tabellen nicht als absolute Werte verstehen. Ist nur ein Wert angegeben, so handelt es sich in der Regel um einen Mittelwert. Die möglichen Gehalte schwanken nach beiden Seiten, besonders stark bei den Vitaminen.

2.3. Aufbewahrung exotischer Obstarten im Haushalt

Viele Verbraucher wundern sich, daß sich exotische Früchte im Kühlschrank häufig schlecht halten, im Gegensatz zu vielen anderen Lebensmitteln wie Äpfeln, Gemüse, Milch, Fleischwaren etc.

Obst und zum Teil auch Gemüse aus tropischen und subtropischen Gebieten sind nämlich meist kälteempfindlich, was wenig bekannt ist und oft übersehen wird. Soweit exotische Früchte lagerfähig sind, ist der

Tabelle 2. Empfohlene Kühllagerung tropischer und subtropischer Früchte

	°C	Wochen	
Ananas	10	2– 4	
Aubergine	10–15	1,5	
Avocado	6– 8	3– 4	
Banane, reif	13–16	ca. 1	
Granatapfel	0		
Grapefruit	10–12	10–16	
Guave	7–10	2– 3	
Japan. Mispel	1	1– 2	
Kaki (Japan. Persimmone)	0	12–16	
	10–12	6– 8	Zum langsamen Reifen
Langsat	13–15	1– 2	
Limette	8–10	6– 8	
Litchi	1– 2	3– 5	(Kurzlagerung 7 °C)
Mandarine	5– 7	3– 6	
Mango	10–12	2– 3	
Mangostane	5	6– 7	
Netzannone	7	2– 3	
Orange	5– 7	6–12	
Papaya	7	2– 3	
Passionsfrucht	7	3– 5	
Schuppen-Annone	11		
Zitrone	12	12–20	

Kühlschrank mit seinen Temperaturen um 0 bis +2 °C zur Haltbarkeitsverlängerung oft ungeeignet; es müssen höhere Temperaturen (s. Tabelle 2) gewählt werden! Je wärmer das Klima des Erzeugerlandes ist, desto höher sollte die Lagertemperatur sein. Das Verderben zeigt sich häufig in einer Braunfärbung der ganzen Frucht oder des Fruchtfleisches, zum Teil auch in anderen Verfärbungen. Die zur Lagerung benötigte Luftfeuchtigkeit liegt um 90% relativer Feuchte.

2.4. Obstdauerwaren und Obsterzeugnisse

Viele exotische Obstarten weisen nur eine geringe Lagerfähigkeit auf und müssen daher auf dem Luftwege aus außereuropäischen Ländern nach Mitteleuropa transportiert werden. Soweit sich die betreffende Obstart dazu eignet, können die Früchte in Dose oder Glas naßkonserviert oder tiefgefroren werden. Auch werden sie auf Fruchtsaft(Fruchtmark)-Konzentrat verarbeitet und in den Verbraucherländern hieraus Fruchtnektare und Fruchtsaftgetränke, gelegentlich auch Sirupe und andere Erzeugnisse hergestellt. Eine Reihe solcher Produkte ist auf dem deutschen Markt, so daß ein kleiner Hinweis auf lebensmittelrechtliche Vorschriften erlaubt sei:

Für *Obst* (und auch Gemüse) *in Dosen* bzw. *Gläsern* gilt in Deutschland der Grundsatz, daß so viel Obst in die Dose eingefüllt wird, wie technisch möglich ist, und nur so viel Aufgußflüssigkeit verwendet wird, wie technisch unvermeidbar ist. Das Obst soll in der Flüssigkeit nicht „schwimmen". Bei wenigen Obstarten, z. B. weichen Beerenarten wie Erdbeeren, ist dies auch bei einwandfreier Herstellung nicht zu vermeiden. Bei den weitaus meisten Obstarten ist aber das „Schwimmen" ein Zeichen ungenügender Füllung.

Fruchtsaft ist nach dem geltenden deutschen Recht „*der mittels mechanischer Verfahren aus Früchten gewonnene gärfähige, aber nicht gegorene Saft, der die charakteristische Farbe, das charakteristische Aroma und den charakteristischen Geschmack der Säfte der Früchte besitzt, von denen er stammt*".

In dieser Form (Muttersäfte) würden viele Fruchtsäfte nicht recht schmecken, vor allem aufgrund des Säuregehaltes. Daher werden aus ihnen *Fruchtnektare* hergestellt, die wir früher als Süßmoste kannten. „*Fruchtnektar ist das nicht gegorene, aber gärfähige, durch Zusatz von Wasser und Zucker zu Fruchtsaft, konzentriertem Fruchtsaft, Fruchtmark, konzentriertem Fruchtmark oder einem Gemisch dieser Erzeugnisse hergestellte Erzeugnis*", wobei der Gesetzgeber Mindestgehalte an Fruchtsaft/Fruchtmark und natürlicher Säure vorgeschrieben hat. Bei den nicht aufgeführten Obstarten – und darunter fallen fast alle exotischen Obstarten – muß dieser Fruchtsaftanteil mindestens 25% betragen.

Gegenüber den genannten Fruchtsäften und Fruchtnektaren (Süßmosten) enthalten unter Verwendung von Fruchtsaft hergestellte *alkoholfreie Erfrischungsgetränke* nur einen relativ geringen Anteil von Fruchtsaft, z. B. 6–10%. Der Mindestgehalt muß angegeben sein.

2.5. Mango

Mangos *(Mangifera indica;* Fam. *Anacardiaceae)* stellen in der Weltwirtschaft nach den Bananen und Citrusfrüchten das wichtigste tropische Obst. Es ist *das* Obst Indiens, denn ⅔ der Weltproduktion von 14 Millionen t entfallen auf dieses Land. Die Mangofrüchte gehören seit Jahrtausenden zur täglichen Nahrung der Eingeborenen Indiens und Südostasiens und haben Millionen Menschen vor Hungersnöten gerettet. Im Welthandel spielen Mangos wegen ihrer Transport- und Lagerempfindlichkeit keine Rolle. Sie werden im Lande verzehrt, im wesentlichen als Frischobst. In Afrika und Südamerika hat sich die Frucht als lokales Obst innerhalb weniger Jahrzehnte ebenfalls durchgesetzt (s. Tabelle 3). Aber auch diese Länder exportieren nur geringe Mengen frischer Mangos. Der Welt-Export von Mango-Produkten betrug 1975 20000 t, davon allein aus Indien 16000 t. 1980 wurden in die EG etwas über 8000 t oft per Luftfracht aus Israel, Kenia und Südafrika importiert.

Die Heimat des immergrünen Mangobaumes liegt in den Mittelgebirgen Burmas und den Vorbergen des Himalaya im östlichen Indien. Mangobäume können 20–25 m hoch werden. In Indien soll es 40 m hohe Exemplare mit einem Kronendurchmesser von 10 m geben! Die Bäume

Tabelle 3. Jährliche Weltproduktion an Mango in 1974/6 und 1984 in Mio. Tonnen

	1974/6	1984		1974/6	1984
Indien	7333	8919	Tansania	168	182
Brasilien	638	520	Dominikanische Republik	163	185
Pakistan	594	683	Zaire	159	145
Mexico	388	670	Ägypten	88	105
Indonesien	374	360	Venezuela	82	102
Haiti	290	340	Peru	72	81
Bangladesh	285	185	Sri Lanka	67	75
Philippinen	241	550	Sudan	60	70
China	229	387			
Madagascar	194	170			

bilden eine gleichmäßig volle Krone mit dichtem Blattwerk, sind also gute Schattenspender. Sie sind sehr schnellwüchsig und können in 6 Jahren 10 m Höhe erreichen. Schon in 4000 Jahre alten Sanskrit-Aufzeichnungen wird Mango als Kulturbaum erwähnt. In der indischen Mythologie und im buddhistischen Ritual soll der Mangobaum einen festen Platz haben, wurde er doch von Buddha selbst wegen seiner Langlebigkeit gepriesen, als er in seinem Schatten ruhte.

Mangofrüchte sind „Steinfrüchte" und enthalten einen großen, abgeflachten Kern. Sie kommen in zahlreichen Sorten vor und sind ungleichmäßig rundoval und unterschiedlich groß. Der Fruchtdurchmesser beträgt etwa 5-10 cm, die Länge 8-18 cm. Einzelne Exemplare können bis 25 cm lang und bis 1800 g schwer werden. Im Handel werden handliche Früchte (8-12 cm lang) bevorzugt.

Die Farbe der glatten leicht ledrigen Schalen, die wegen ihres terpentin-artigen Geschmacks nicht verzehrt werden, geht von grün in gelb und rot über, viele Sorten zeigen diese dreifache Tönung nebeneinander und können so recht attraktiv aussehen. Die Eßreife ist an der Färbung nicht zu erkennen, sondern wird durch leichten Daumendruck festgestellt.

Das Fruchtfleisch soll möglichst faserarm sein und keinen, höchstens einen geringen Terpentingeruch aufweisen. Faserige Früchte sind für den Frischverzehr wie für die meisten Verarbeitungszwecke ungeeignet. Das schwach gelbe bis orangefarbene Fruchtfleisch ist sehr aromatisch und relativ süß im Vergleich zu anderen Obstarten und schmelzend-saftig. Aroma und Geschmack wechseln mit der Sorte.

Nach H. Brücher, der als Deutscher in Südamerika lebt, bleibt Mango für den Europäer noch so lange eine Luxusfrucht, bis das Verpackungs- und Versandproblem gelöst ist. „Wir sind davon überzeugt, daß *Mangifera indica* einmal auf dem exotischen Fruchtmarkt führend werden wird, sobald das Nachreife-Problem gelöst ist. Gemessen an der gegenwärtigen ‚Lieblingsfrucht der Europäer', der Banane, besitzt Mango bei objektiver Beurteilung wesentliche Vorzüge, die in der Zusammensetzung des Fruchtfleisches, im ausgeprägten Aroma und in den vielseitigen Verwendungsmöglichkeiten als Pickles, Würze, Marmelade, kandierte Früchte und Dosenkonserve liegen." „Das Aroma und die Fruchtfleischkonsistenz der Mango-Hochzuchten wie Julie, Langra, Mango-Blanco sind so vorzüglich, daß sie unter den tropischen Obsten mit den höchsten Prädikaten ausgezeichnet werden können."

Um den köstlichen Geschmack zu erhalten und gleichzeitig einen etwaigen terpentin-artigen Beigeschmack zu vermeiden, wird empfohlen, die Mango kurz vor dem Verzehr in den Kühlschrank zu legen und sie dann möglichst kalt zu essen. Zum Frischverzehr wird vorgeschlagen, die ungeschälte Frucht quer zu teilen und das Messer rings um den länglichen Samenkern zu führen. Aus jeder Hälfte kann dann das Fruchtfleisch leicht herausgelöffelt werden. Bei neueren zum Frischverzehr bestimmten Sorten läßt sich das Fruchtfleisch so leicht vom Kern (freestone) wie beim Pfirsich lösen. Bei älteren Sorten sitzt der Kern oft sehr fest.

Inhaltsstoffe

Mangos verdanken ihre Farbe (grünem) Chlorophyll und (gelben bis roten) Carotinoiden. Über letztere liegen neuere Untersuchungen vor. Hieraus ergibt sich, daß etwa 50–60% der Gesamt-Carotinoide aus dem provitamin A-wirksamen β-Carotin (dem Hauptcarotinoid der Möhre) bestehen können. Trotzdem scheint der *β-Carotin-Gehalt* der Sorten stark zu schwanken, etwa zwischen 0,5 bis 4,0 mg/100 g. Wenn man bedenkt, daß heute 0,8 mg Vitamin A pro Kopf und Tag als empfehlenswert angesehen werden und dies etwa 5,0 mg β-Carotin als Provitamin A entspricht, so erkennt man die Bedeutung der Mangos als Provitamin A-Spender. Nur wenige Kulturpflanzen haben ähnlich hohe Gehalte.

An Carotinoiden kommen weiterhin Phytofluen, Phytoen, Luteoxanthin, Violaxanthin, Auroxanthin, Antheraxanthin und Mutatoxanthin, in Konzentrationen von unter 1% der Gesamtcarotinoide ferner γ-Carotin, 5,6-Monoepoxy-β-carotin, Mutatochrom, Kryptoxanthin, Kryptoflavin und Zeaxanthin vor. Einige chemische Formeln seien hier eingeschoben:

β-Carotin

Lycopin

Zeaxanthin

Auroxanthin

Auch der *Vitamin C-Gehalt* scheint sehr unterschiedlich und sehr sortenabhängig zu sein (10-180 mg/100 g). Häufig liegen die bisher angegebenen Werte zwischen 25 und 50 mg Vitamin C/100 g Frischgewicht. In die Schweiz importierte Früchte enthielten 25-71 mg, im Durchschnitt 40 mg/100 g.

Der Gehalt an *Vitaminen der B-Gruppe* ist wie in allen bisher einwandfrei untersuchten Obstarten unbedeutend, wenn auch Druck- und Übertragungsfehler in einer Reihe von (Übersichts-)Arbeiten bei den Maximalwerten einen gegenteiligen Eindruck erwecken können. Hauptsächlichste *Fruchtsäure* ist die Zitronensäure, gefolgt von erheblich geringeren Mengen an Äpfelsäure.

Die vielen Mango-Sorten weisen offensichtlich sehr starke Aroma-Unterschiede auf. Es sind über 200 einzelne Aromastoffe bekannt, die im wesentlichen auf die Gruppen der Kohlenwasserstoffe, Alkohole, Aldehyde, Ketone, Lactone und Ester entfallen. Zahlreiche davon kommen auch in anderen Obstarten vor.

In neueren Untersuchungen der Sorte „Alphonso" aus Indien bestanden 90% des Gesamt-Aromastoff-Gemisches von 57 mg/kg aus Mono- und Sesquiterpen-Kohlenwasserstoffen, hauptsächlich (Z)- und (E)-Ocimen (44 bzw. 3 mg/kg) und 2,5-Dimethyl-4-hydroxy-3(2H)-furanon. Untersuchungen eines anderen Arbeitskreises ergaben für die Sorten „Alphonso" und „Baladi" aus Ägypten ebenfalls hauptsächlich Monoterpen- (70 bzw. 72%) und Sesquiterpen-Kohlenwasserstoffe (8 bzw. 14%). Nähere Angaben in Abb. 2. Daneben standen in „Alphonso" pro kg 1 mg (E)-2-Hexenal, 1 mg 1-Hexanol und 2,5 mg (Z)-3-Hexen-1-ol im Vordergrund, in „Baladi" hingegen 8,5 mg Ethylbutanoat (Buttersäure-ethylester), 1,5 mg Ethyl-3-hydroxy-butanoat und 1 mg 2-Methylpropanol. Auch in Mango-Früchten Sri Lankas (Sorten: Jaffna, Willard und Parrot) sowie Venezuelas entfielen 50-63% des Gesamt-Aromastoff-Gemisches auf Monoterpen-Kohlenwasserstoffe, gefolgt von 14-19% Sesquiterpen-Kohlenwasserstoffen. Allerdings standen unterschiedliche Verbindungen wie α-Terpinolen, β-Selinen, (Z)-Ocimen, Car-3-en, α-Pinen mengenmässig im Vordergrund.

Wegen der Zusammensetzung der Mango-Früchte siehe Tabelle 1 und der Aminosäure-Zusammensetzung des Eiweißes Tabelle 4.

Verwendung

Mangos eignen sich am besten zum Frischverzehr. Man kann sie mit Schlagsahne, Eis oder Fruchtsalat oder auch als Kompott verzehren oder zu einer köstlichen Bowle oder zum Rumtopf verwenden. Sie können aber auch – abhängig von der Sorte – in vielfältiger Weise haltbar gemacht wer-

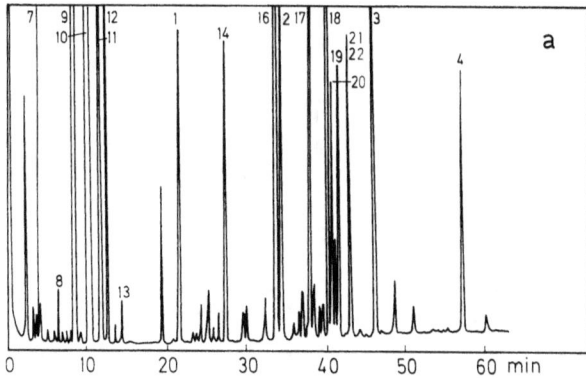

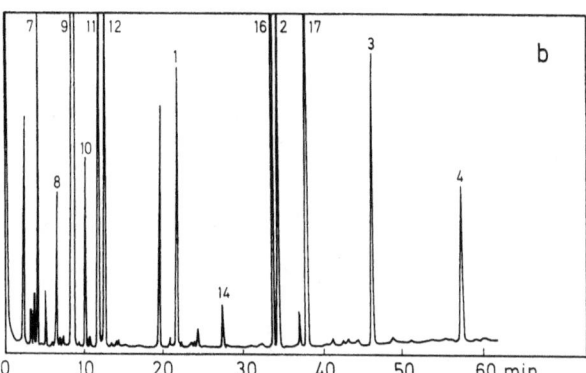

Abb. 2. Gaschromatogramm der Kohlenwasserstoff-Fraktion der Aromastoffe von Mangos (aus Engel u. Tressl)

Peak	Aromastoff	a (Baladi) mg/kg	b (Alphonso) mg/kg
7	α-Pinen	0,8	0,9
9	Myrcen	17	19
10	Limonen	40	0,3
11	(Z)-Ocimen	5	7,5
12	(E)-Ocimen	1,5	1
16	β-Caryophyllen	2,3	1,4
17	Humulen	1,3	0,8
18	Germacren D	2	

Tabelle 4. Durchschnittliche Aminosäuren-Zusammensetzung der Proteine verschiedener Obstarten

	Mango	Avocado	Erdbeer-Guave	Longan	Persimmone (Kaki)	Sapodille	Karambole	Japan. Mispel
Fruchtgewicht g	550	85	15	6	200	200	85	–
Im eßbaren Anteil								
Rohprotein g/100 g	0,42	1,61	0,58	1,31	0,62	0,44	0,38	0,43
Gesamt-Aminosäuren g/100 g	0,42	1,42	0,38	0,96	0,51	0,37	0,36	0,39
Aminosäuren								
g/100 g Gesamt-Aminosäuren								
Alanin	–	7,5	7,5	–	7,7	–	7,3	6,4
Arginin	4,6	2,9	3,9	3,6	3,4	4,6	2,1	3,7
Asparaginsäure	9,3	10,9	9,7	13,0	13,9	8,5	10,0	12,1
Cystin	0,9	0,3	–	0,3	0,8	0,4	0,4	0,3
Glutaminsäure	13,3	13,1	–	–	10,1	10,2	14,8	17,2
Glycin	4,9	6,5	7,5	4,4	6,5	4,5	5,1	6,0
Histidin	3,0	1,5	1,2	1,3	2,3	4,2	–	1,3
Isoleucin	4,6	5,1	–	2,7	5,1	4,1	4,3	4,4
Leucin	7,5	8,9	–	5,6	9,9	6,6	7,8	7,1
Lysin	6,6	7,5	5,8	4,8	7,5	–	7,7	6,2
Methionin	1,7	2,0	0,8	1,4	1,0	–	–	1,2
Phenylalanin	4,4	5,2	3,7	3,1	5,4	3,5	3,7	3,8
Prolin	4,6	5,1	4,6	4,4	5,7	–	5,1	–
Serin	4,9	5,4	4,5	5,0	5,1	4,9	8,2	6,2
Threonin	4,6	5,3	–	3,5	5,1	3,3	4,5	4,0
Tyrosin	2,5	3,5	–	2,6	3,9	3,9	4,3	2,9
Valin	6,8	7,7	5,3	6,0	7,1	4,4	5,1	6,4

den: als Stücke oder Fruchtmark (Püree) in Dosen bzw. tiefgefroren, als Nektar, Sirup, Konfitüre, Gelee. Auch werden sie zu Fruchtsaftgetränken verarbeitet. Mango verträgt sich geschmacklich wie kaum eine andere Frucht mit Milchprodukten. So haben Mango-Eiscreme und Mango-Joghurt in Europa ihre Liebhaber gefunden. Schließlich sind Mango-Getreideflocken bekannt, und es gibt Mango-Babyfoods wie Mango-Milchpulver und Mango-Eier-Milchpulver. In der Bundesrepublik werden u. a. Mango in Dosen, Mango-Nektar, Mango-Sirup, Mango-Fruchtsaftgetränke, zum Teil in Mischung mit anderen Obstarten, Mango-Konfitüre und Mango-Chutney in den Supermärkten der Handelsketten wie in Fachgeschäften angeboten. Mango-Stücke und Mango-Püree lassen sich gut tiefgefrieren.

Berühmt sind in Indien die *Mango-Chutneys,* wozu sich grüne besser als reife Früchte eignen. Hierzu werden geschälte Mangos in Stücke geschnitten, unter Zugabe von Gewürzen weich gekocht, und dann wird die Mischung über kleiner Flamme eingedickt. Mango-Chutneys passen gut als würzende Beilage zu Reisgerichten, Fondues oder Gegrilltem. Ebenfalls aus grünen Mangos werden *Pickles* (in Indien „achars" genannt) hergestellt, wozu - je nach Rezeptur - unterschiedliche Gewürze, Kochsalz und Öl verwendet werden.

Ein anderes typisch indisches Produkt ist *Mango-Leder,* wozu das Püree vollreifer, saftiger Früchte in dünnen Schichten an der Sonne oder künstlich bei 60-65 °C getrocknet wird. Zur Erhaltung der ansprechenden goldgelben Farbe wird geschwefelt. Auch kennt man in Indien Mango-Soße und Mango-Butter aus reifen Früchten.

Zu Fruchtpüree als wichtigem Halbfabrikat sollte man weiche, vollreife Früchte bevorzugen. Sonst kann leicht ein terpentin-artiger Geruch auftreten, der besonders bei der Verarbeitung unreifer Früchte und einiger terpen-reicher Sorten vorkommt. Schon wenige unreife Früchte können durch ihren terpentin-artigen scharfen Geruch und Geschmack eine größere Charge verderben. Wegen des relativ geringen Säuregehaltes ist eine Zugabe von Zitronensäure oder sauren Säften beim Endprodukt erforderlich.

Für den Hobby-Koch die folgenden Mango-Rezepte:

Crème „Oriental": Zutaten: 2 Mangos, 3 Eier, 50 g Zucker, 3 EL Limetten- (ersatzweise Zitronensaft), 4 cl. Rum, 3 Blatt Gelatine, ⅛ l Sahne, Borkenschokolade.

Zubereitung: Die Haut von den Mangos abziehen und das Fruchtfleisch vom Kern lösen. Die Hälfte des Fruchtfleisches pürieren, die andere Hälfte in grobe Würfel schneiden. Das Eigelb mit dem Zucker schaumig rühren, Fruchtmus und Fruchtwürfel untermischen und mit Limetten- bzw. Zitronensaft und dem Rum abschmecken. Die eingeweichte, aufgelöste Gelatine unterrühren. Das Eiweiß steif schlagen, unter die Creme heben und in Gläser füllen und kühl stellen. Mit der Schlagsahne und der zerriebenen Borkenschokolade garnieren.

Mango-Chutney: Zutaten: 2 große, in Stücke geschnittene Mangos, 250 g Rosinen, 500 g gewürfelte Zwiebeln, 500 g Zucker, 30 g frischer, feingeraspelter oder 1 TL getrockneter Ingwer, 2 Chillischoten oder 2 Messerspitzen Cayenne-Pfeffer, ½ l Weinessig, 2 EL Olivenöl.
   Zubereitung: Sämtliche Zutaten in ca. 2 Std. dick einkochen lassen, evtl. noch nachwürzen (Mango-Chutney soll süß und zugleich feurig scharf sein) und heiß in Gläser füllen. – Reife Mangos erst nach anfänglicher Eindickung der übrigen Bestandteile zugeben. – Auch kann man zur Abwechslung andere Früchte wie Papayas, Melonen, Aprikosen oder andere Gewürze (Kräuter) verwenden.

2.6. Kaschu-Apfel und Spondias-Früchte

Zur gleichen Pflanzenfamilie wie Mango zählt der immergrüne *Kaschu-Baum (Anacardium occidentale;* Fam.: *Anacardiaceae),* der im tropischen Amerika (Mexico bis Brasilien) beheimatet ist und eine Höhe von 15 m erreichen kann. Kaschu ist die richtige Bezeichnung; der englische Name „cashew" stellt eine Verstümmelung des Indianerwortes „Kaju" dar. Schon frühzeitig wurde er von Spaniern und Portugiesen in andere Tropenländer eingeführt; so spielt sein Anbau heute in Indien, Mozambik, Tansania, Brasilien und Kenia eine Rolle.

Die Scheinfrucht, der apfel- bis birnen-förmig aufgetriebene Fruchtstiel, ist als *Kaschu-Apfel* bekannt, etwa 5–10 cm lang und 4–7 cm breit. Seine dünne Schale ist rot oder gelb. Das Fruchtfleisch ist ähnlich gefärbt, weich und saftig, enthält wenig Säure und schmeckt aufgrund des beträchtlichen Gehaltes an mehrwertigen Phenolen zusammenziehend herb (adstringierend); es kann auch scharf schmecken. Aroma und Geruch werden unterschiedlich empfunden. Bisweilen wird auf einen unangenehmen Geruch hingewiesen, der die Verwendung der Frucht beschränkt (Obst der ärmeren eingeborenen Bevölkerung).

Die gelbe bis rote Farbe der Kaschu-Äpfel beruht auf Carotinoiden, von denen β-Carotin und Kryptoxanthin (beide Provitamin A wirksam) mit 0,5–1,0 bzw. 0,5 in gelben und 2,0–2,5 bzw. 1,0 mg/kg in roten Früchten im Vordergrund stehen. Weiter sind in der Regel α-Carotin, ζ-Carotin, Aurochrom, Kryptochrom und Auroxanthin enthalten. Auch kommen Proanthocyanidine vor.

An flüchtigen Aromastoffen ist bisher in frischen Früchten nur eine ungewöhnlich geringe Konzentration (ca. 3,6 μg/kg) gefunden worden. Wichtige Komponenten sind Car-3-en (24%), Limonen, 2-Hexenal

Abb. 3. Kaschu-Apfel

(zus. 11%), Hexanal (8,4%), Nonanal (5,2%) und Benzaldehyd (3,6%). – Wegen der Zusammensetzung der Früchte siehe Tabelle 1.

Kaschu-Äpfel sind sehr empfindlich, daher weder lager- noch transportfähig. Sie werden frisch oder als Kompott verzehrt. In den Ursprungsländern werden sie auch zu Halbfabrikaten wie Saft oder Pulpe verarbeitet; hieraus können exzellente Erfrischungsgetränke (z. B. mit Limettensaft), Sirup und Konfitüren bereitet werden. Kaschusaft gibt im Verschnitt mit 15% Limettensaft oder 50% Ananassaft ein ansprechendes Produkt, das in Flaschen oder Dosen pasteurisiert werden kann. Ein wichtiger Handelsartikel sollen in Indien Kaschu-Kandies sein, die in der Konsistenz weichen Trockenfeigen entsprechen. Wegen alkoholischer Getränke aus Kaschu siehe S. 127.

Trotz dieser vielseitigen Möglichkeiten dürfte der größte Teil der auf jährlich 2,5–5 Millionen Tonnen geschätzten Welternte an Kaschuäpfeln – im Gegensatz zu Kaschunüssen – ungenutzt unter den Bäumen verderben.

Auf dem verdickten Fruchtstiel (Kaschu-Apfel) sitzt eine 2,5–3 cm lange, gekrümmte Steinfrucht, *Kaschunuß* genannt, mit einem ölhaltigen, schmackhaften Samen (Kaschukern). Auf Kaschukerne wird unter „Nüsse" (S. 79) näher eingegangen.

Verwandte Arten

Die Gattung Spondias, die ebenfalls zur Familie der *Anacardiaceae* zählt, weist eine Reihe lokaler Obstarten auf. Hier sind zu nennen:

Wi-Apfel (Spondias dulcis, Syn.: *Spondias cytherea),* auch Amra, Otaheite- oder Gold-Apfel oder Tahiti-Pflaume genannt. Die Heimat ist Polynesien. Dieses Obst ist apfelförmig, 4–8 cm lang und erreicht einen Durchmesser bis zu 6 cm. Die Farbe ist blaßgelb; das fasrige Fruchtfleisch enthält einen großen, harten Kern. Die Bäume sollen außerordentlich reiche Erträge liefern. Die Früchte werden roh oder als Kompott verzehrt. Man findet sie auf tropischen Märkten häufig, z. B. in Indonesien als „Kedondong".

Die *Gelbe Mombin oder Schweine-Pflaume (Spondias mombin)* kommt aus dem tropischen Amerika. Es ist eine pflaumenartige Frucht, 2,5–5 cm lang, die in außerordentlich hohen Erträgen, aber mit geringer Qualität (daher Schweine-Pflaume) anfällt.

Die *Rote Mombin oder Spanische Pflaume (Spondias purpurea)* ist ebenfalls im tropischen Amerika beheimatet (Frucht 2,5–5 cm lang).

Beide Mombin eignen sich zur Konfitüren-Herstellung.

2.7. Avocado

Die Avocado *(Persea americana),* auch Avocadobirne genannt, gehört zur Familie der *Lauraceae,* den Lorbeergewächsen. Die Bäume werden 10–20 m hoch und fallen durch ihre blaugrünen Blätter auf. Die Früchte, deren brauner Samen etwa 25% des Fruchtgesamtgewichtes ausmacht, sind länglich wie eine gewöhnliche Birne, mit mehr oder weniger ausgeprägtem Hals und sehr unterschiedlich groß (häufig 10–15 cm lang und 150–400 g schwer). Die Farbe der Fruchtschale kann stark variieren, von lichtgrün bis braunrot oder violett. Importe sind oft dunkelgrün. Das Fruchtfleisch ist butterweich („Butterfrucht"), weißgelb bis zart hellgrün und schmeckt sahnig-mild, etwas nach Nuß.

Die Avocado soll schon vor 8000–9000 Jahren in Mexico angebaut worden sein, wie man aus Grabfunden anzunehmen glaubt. Heute wird sie in fast allen tropischen und subtropischen Ländern kultiviert. Anbau und Verbrauch haben in den letzten Jahrzehnten stark zugenommen. Die Welternte betrug 1984 1,57 Mill. t, davon Mexico 0,44, USA 0,22, Dominikanische Republik 0,14 und Brasilien 0,12 Mio.t. In USA ist der Verbrauch in 50 Jahren von 100 t im Jahre 1923 auf 136000 t in 1975 gestiegen. Auch die Europäer gewinnen immer mehr Geschmack an dieser Frucht, was sich in rasch steigenden Importen aus dem Vorderen Orient (Israel), Südafrika und der Karibik ausdrückt.

Avocados werden in hartreifem Zustande gepflückt (Baumreife) und kürzere Zeit bis zum Verzehr (Genußreife) gelagert.

Infolge der starken Kreuzbefruchtung, die zwischen wildwachsenden und kultivierten Populationen herrscht, teilt man die Avocados seit langem in verschiedene Ökotypen (Rassenkreise) ein, die unterschiedliche Anforderungen an den Standort stellen und beträchtliche Unterschiede – auch in der chemischen Zusammensetzung – aufweisen können:

Mexikanische Rasse: Früchte klein (85–340 g) mit dünner Schale und starkem Aroma, oft nach Anis schmeckend.

Guatemala-Rasse: Früchte mittelgroß bis groß (340–560 g) mit relativ dicker, oft lediger Schale (5 mm dick). Samen kleiner als bei anderen Rassen und festsitzend, z.B. „Hass" (violett).

Antillen(Westindische)-Rasse: Früchte groß mit lediger, ziemlich dünner Schale und großem Samenkern, z.B. „Fuerte" (grün).

Weiterhin sind zahlreiche Hybriden bekannt.

Eine botanische Merkwürdigkeit ist ihre außergewöhnlich große Zahl von Blüten, von denen nur etwa jede 5000. zu einer Frucht führt.

Inhaltsstoffe

Die Zusammensetzung siehe Tabelle 1 und die der Aminosäuren Tabelle 4. Der *Eiweißgehalt* ist im Vergleich zu anderen Früchten, die meist weniger als 1% enthalten, mit etwa 2% relativ hoch.

Der *Säuregehalt* ist gering. Nach den wenigen vorhandenen Angaben übersteigt er 0,2% nicht. Schätzungsweise 6% der enthaltenen Zitronensäure bestehen aus dem asym. Monoethylester (asym. Monoethylcitrat).

Das *Aroma* ist nicht stark. An Aromastoffen wurden bisher neben einer größeren Zahl an Minorbestandteilen, die meist in einer Konzentration von unter 0,2% des Gesamt-Aromastoff-Gemisches vorliegen, vor allem (E)-2-Hexenol (Hauptbestandteil) neben (Z)-3-Hexenol und 1-Hexanol nachgewiesen. Bei einigen Sorten kommt es vor, daß die Früchte ein unangenehmes bitteres Aroma aufweisen, das nach dem Genuß einen starken Nachgeschmack am Gaumen hinterläßt. Auch tritt es bei der Verarbeitung auf, wenn diese durch stärkere Wärmeeinwirkung erfolgt. Mehrere Bitterstoffe sind festgestellt worden.

Im Gegensatz zu fast allen bekannten Obstarten (Ausnahme: Oliven) enthalten Avocados nennenswerte Mengen *Fett,* auf dem praktisch ihr Energiegehalt als Lebensmittel beruht.

Für die einzelnen Typen wurden folgende Fettgehalte angegeben:

Westindischer Typ: 5-30%
Guatemala Typ: 10-20%,
Mexikanischer Typ: bis 30%.

Während der Baum- und einer späteren Genußreife der Frucht steigt der Fettgehalt, während gleichzeitig der Wassergehalt abnimmt.

Tabelle 5. Zusammensetzung nach England importierter „Fuerte"-Avocados in g/100 g

Herkunftsland	Israel	Südafrika
Wasser	73,1 (69-79)	51 -78
Fett	17,8 (11-23)	13 -40
Eiweiß	1,3-2,3	1,2-2,4
Rohfaser	1,6-2,1	1,7-3,0
Mineralstoffe (Asche)	1,0-1,6	0,8-1,2

Etwa 85% des Rohfettgehaltes entfallen auf Triglyceride; der Rest verteilt sich auf Mono- und Diglyceride, Phospholipide und Glycolipide.

Hauptsächliche *Fettsäure* ist die Ölsäure mit 40-80% der Gesamtfettsäuren, gefolgt von Palmitinsäure (10-30%), Linolsäure (6-18%) und Palmitoleinsäure (3-15%).

An anderer Stelle wurden folgende Angaben gemacht:

Palmitinsäure	12,3%	(7-22)%
Stearinsäure	Spuren	
Arachinsäure	Spuren	
Palmitoleinsäure	3,5%	(3-11)%
Ölsäure	75,1%	(59-81)%
Linolsäure	8,6%	(7-14)%
Linolensäure	0,4%	

Der *Zuckergehalt* der Avocados ist sortenabhängig und offensichtlich gering (meist bis 3%).

Die Gehalte an Vitamin C und Provitamin A (β-Carotin) sind ebenfalls gering; die an den Vitaminen der B-Gruppe liegen höher als in den meisten Obstarten. Die Werte für Pyridoxin (B$_6$) (0,2-0,6 mg/100 g) und Pantothensäure (0,9-1,1 mg/100 g) sind mit die höchsten in Früchten.

Wesentliche Carotinoide, die zu mehr als 1% des Gesamtcarotinoid-Gemisches vorkommen, sind im Fruchtfleisch der Sorte „Nabal" (in %): α-Carotin (0,9), β-Carotin (4,0), Kryptoxanthin (5,2), Lutein (25,0), Isolutein (9,0), Violaxanthin (4,0), Chrysanthemaxanthin (20,4), Luteoxanthin (2,1), Neochrom (Trollichrom) (9,2), Neoxanthin a (7,3).

An Pflanzenphenolen wurden Catechin und Epicatechin, mehrere Proanthocyanidine und Chlorogensäure nachgewiesen. Eine leuchtend purpurrote Schalenfarbe wird durch Anthocyane (hauptsächlich Cyanidin-3-galactosid, geringer Cyanidin-3,5-diglucosid-p-cumarat) hervorgerufen.

Catechin, Epicatechin. In Proanthocyanidinen ist oft das C$_4$ des einen Moleküls mit dem C$_8$ eines anderen Moleküls verbunden zu Dimeren, Trimeren etc.

Verwendung

Wegen des hohen Fettgehaltes wird die Avocado mehr als Appetithappen genutzt, nicht so sehr als Nachspeise. Die Avocados werden verwendet, wenn die Schale auf leichten Druck nachgibt. Harte Früchte reifen bei Zimmertemperatur nach.

Am einfachsten und dabei sehr schmackhaft kann man Avocados verzehren, indem man die Früchte längs um den Samenkern aufschneidet und dann um ihn dreht, so den Samen entfernt und das cremig-weiche Fruchtfleisch mit Salz, Pfeffer und Zitronensaft mariniert und aus der Schale löffelt.

Avocados passen zu Fleisch und Fisch, zu Obst, Salaten und Gemüse von pikant würzig bis süß. Die verschiedenartigsten Füllungen geben halbierten Früchten einen immer wieder neuen Geschmack. Eine vorzügliche Kombination ist Avocado mit Fisch und Krabben (Garnelen).

Das Fruchtfleisch eignet sich gut zur Verarbeitung in Obst- und Gemüsesalaten, da es sich mit allen möglichen Arten kombinieren läßt. Vermischt mit Tomaten, Zwiebeln, Pfeffer, Salz und etwas Senf geben Avocados einen pikanten „mexikanischen Salat".

Das Fruchtfleisch sollte in Salaten jedoch immer erst zum Schluß zugefügt werden, da es sich leicht verfärbt. Die Verfärbung beeinträchtigt das Aroma nicht und kann durch Zugabe von Zitronensaft oder Essig gemildert bzw. verhindert werden. – Auch bei warmen Gerichten wird es erst zum Schluß zugegeben und nur noch erwärmt.

Wegen der Zubereitung im rohen Zustand und des butterweichen Fleisches ist die Avocado auch als Kindernahrungsmittel gut geeignet. In Südamerika gibt es eine Reihe von Avocado-Cremes, -Suppen und -Soßen, süß oder scharf.

Schließlich stammt der holländische Ausdruck „Advokaat" für Eierlikör von der Avocadofrucht. Die Europäer lernten in Südamerika von den Indianern, aus Avocados einen vorzüglichen Likör zu bereiten. In der Heimat mußte es dann ohne die Früchte gehen, und sie verwendeten Eier, um die butter-artige Konsistenz zu erzielen.

Auch die *Volksmedizin* spricht der Avocado eine Bedeutung zu. Das Fruchtmus wird als Wundheilmittel, die Rinde in Mexiko als Anthelminticum verwendet. In Ostasien soll die Avocado gegen Ulcus und Koliken genutzt werden.

Avocados lassen sich schlecht konservieren, da sie dann leicht einen bitteren Geschmack annehmen.

Die Früchte geben aber ein sehr brauchbares Püree, dessen Aroma und Farbe durch Zugabe von etwas Zitronen- oder Limettensaft und etwas Salz verbessert werden. Es kann als Brotaufstrich verwendet werden. Das Püree läßt sich gut tiefgefrieren und eignet sich z. B. zu Eiscreme und Avocadopaste oder „Guacamole". Diese wird hergestellt aus

Avocadopüree	100 Gewichtsteile
Zitronen- oder Limettensaft	8–10 Gewichtsteile
Kochsalz	1–2 Gewichtsteile
Zwiebelpulver	ca. 0,3 Gewichtsteile.

Auch Guacamole kann tiefgefroren werden. Es wird z. B. zum Eintauchen von Kartoffelchips und Crackers verwendet.

Rezepte

Rumpsteak mit Avocadohaube. Das Fleisch von 2 Avocados pürieren, mit 2 Eßlöffel Sahne, 2 Eigelb, 1 gehackten Zwiebel, Salz, Pfeffer, Estragon mischen. Im Bratenfett der

Rumpsteaks unter ständigem Rühren erhitzen, die Masse auf den Rumpsteaks verteilen und sofort servieren.

Avocadocreme. 1 geschälte, gewürfelte Avocado, 1 Eßlöffel Sahne, 1 Kaffeelöffel grünen Pfeffer, 1 Eigelb, 1 Ei, 1 Prise Salz und den Saft einer Zitrone oder Limette in den Mixer geben, bis eine cremige Masse entstanden ist. Kalt servieren.

Avocado-Traumcreme. Das Fleisch von 2 Avocados pürieren, das mit 3 Eßlöffel Zucker geschlagene Eiweiß von 4 Eiern mit dem Avocadopüree mischen, mit dem Saft einer Zitrone und 2 Glas Orangenlikör abschmecken. Kalt servieren.

2.8. Kiwi

Kiwis *(Actinidia chinensis)* verdanken ihren Namen den in Neuseeland heimischen Kiwivögeln *(Apterix australis),* deren braunes Federkleid der Kiwischale ähnelt. In ihrer Heimat China heißen sie Yang-tao. Wegen ihres Geschmacks wurden sie ursprünglich auch als „chinesische Stachelbeere" bezeichnet.

Kiwis sind oval-länglich mit einem Durchmesser bis 5 cm und wiegen bis etwa 100 g. Ihre dünne rauhe, braune Schale ist mit kurzen, ebenfalls braunen Borsten-Härchen besetzt und leicht abzuschälen. Das sehr saftige, schmackhafte süße Fruchtfleisch ist außen grün, innen heller und weist viele kleine, fast schwarze Samen auf, die mitverzehrt werden.

Die Pflanze zählt zur Familie der *Actinidiaceae,* deren Beeren auch „Strahlengriffelfrüchte" (vom griech. „aktinos" = Strahl) heißen, weil sie aus sehr vielen strahlenförmig verwachsenen Fruchtblättern entstanden sind, wie ein Schnitt durch die Frucht ahnen läßt.

Kiwis sind Rankengewächse, die bis etwa 8 m ranken können. Der Anbau erfolgt ähnlich dem Weinbau in Reihen mit verspanntem Draht, der den Pflanzen Halt bieten soll, oder die Pflanzen wachsen über eine Pergola, wobei die Früchte vom Laubdach herunterhängen und leicht geerntet werden können. Kiwi-Pflanzen werfen im Spätherbst ihr Laub ab.

Die nach Deutschland importierten Früchte stammten bisher oft aus Neuseeland. Dabei wurden die ersten Früchte erst 1910 in Neuseeland geerntet, und zwar aus Pflanzen, deren Samen um 1906 Alexander Allison von China nach Neuseeland eingeführt hatte! Seit Beginn der 50er Jahre wird intensiver Anbau betrieben. 1975 wurden 2940 t und 1980 bereits 18 650 t, davon etwa 30% nach Deutschland exportiert. Heute werden Kiwis in USA (Californien 1982 19000 t), Australien, Südafrika, Japan, Frankreich, Spanien, Italien, Israel und nicht zuletzt China kultiviert. Auch in wärmeren Gebieten Deutschlands wie in Geisenheim/Rheingau sind Kiwis angebaut und geerntet worden. Bekannt sind die Sorten Abbot, Allison, Bruno, Hayward (beste Exportsorte) und Monty.

Im Gegensatz zu fast allen subtropischen und tropischen Obstfrüchten sind Kiwis gut lager- und transportfähig. Nur damit, sowie selbstverständlich auch mit dem spezifischen Geschmack und Aroma (und den vielseitigen Verwendungsmöglichkeiten), ist der rasche Aufstieg der Kiwis von einer ursprünglich nur in China bekannten Obstart zu einer Standard-Frucht der Obst- und Gemüsegeschäfte zu erklären. Kiwis werden hartreif (baumreif) gepflückt. Bei rascher Einlagerung sind sie bei $-1/0\,°C$ und 90% relativer Luftfeuchtigkeit 3-4 Monate lagerfähig.

Inhaltsstoffe

Wie alle Obstfrüchte enthalten Kiwis vor allem *Zucker* (etwa 9-11%), hauptsächlich Glucose und Fructose. Stärke ist in den reifen Früchten praktisch nicht enthalten, auch kaum Fett (s. Tabelle 1).

Der *Ascorbinsäure-Gehalt* liegt nach Untersuchungen im Erzeugerland bei etwa 100 mg/100 g Frischgewicht. Für die Sorte „Bruno" wurden in Neuseeland 140-160 mg, „Hayward" 90-100 mg und „Abott" 70-100 mg/100 g angegeben. In importierten Kiwis übersteigt der Vitamin C-Gehalt meist nicht 50 mg/100 g und liegt damit ähnlich dem der Orangen. Der in der Literatur oft genannte Wert von 300 mg ist vor Jahrzehnten an einem französischen Gartenexemplar festgestellt worden und ist ebenso fraglich wie der Eisengehalt von 1,6 mg/100 g. Neuere Untersuchungen californischer Früchte im Erzeugerland ergaben 0,51 mg Eisen/100 g.

Ein *Gesamtsäuregehalt* von etwa 2600 mg/100 g setzte sich zusammen aus 980-1010 mg Zitronensäure, 920-1000 mg Chinasäure, 470-530 mg Äpfelsäure (zum Teil geringer), 80-100 mg Glucuron- und Galacturonsäure, 70 mg Ascorbinsäure, 35 mg Phosphorsäure und Spuren an Oxal-, Bernstein-, Fumar- und Oxalessigsäure.

Der Gesamtcarotinoid-Gehalt, berechnet als Carotin, wurde bei 59 Proben durchschnittlich mit 3,7 ppm (Grenzwerte: 0,4-7,4) angegeben. Als Aromastoffe wurden Alkyl- und Alkenylester, Alkohole, Aldehyde und Ketone identifiziert. Zum Aroma tragen Ethylbutanoat, Hexanal und (E)-2-Hexenal wesentlich bei.

Verwendung

Die Frucht ist mundreif, sobald sie auf leichten Fingerdruck nachgibt. Ihr Geschmack ähnelt etwas einer Mischung aus Melone, Stachelbeere und Erdbeere. Am besten schmecken Kiwis gut gekühlt, sie können direkt aus dem Kühlschrank angerichtet werden. Dabei sollte man jedoch beachten, daß sich manchmal ein mit scharfen Spitzen versehenes Dornenkrönchen am ehemaligen Blütenansatz befindet, das für böse Überraschungen sorgen kann.

Rohe Kiwis werden durchgeschnitten und ausgelöffelt. Dazu können sie mit Zitronen- oder Orangensaft, Weinbrand oder Likör oder Vanillesoße beträufelt werden. Auch geschälte und in Scheiben geschnittene Kiwis werden so angerichtet. Für Kiwis als Nachtisch wird empfohlen, Kiwischeiben einzuzuckern und mit Sahne aufzutragen. Ein italienisches Eiscreme-Rezept empfiehlt 0,7 l Milch, 0,1 l Sahne, 0,325 kg Zucker, 0,5 kg Kiwi-Pulpe und 7,5 g Stabilisator.

Kiwis können sehr dekorativ genutzt werden, da sie kaum Saft abgeben und auch die Farbe nicht verändern, wenn die Früchte zubereitet werden. So können sie, geschält und in dünne Scheiben geschnitten, Frucht- und Süßspeisen, pikante Salate, Eisbecher, kalte Platten, Braten und auch Kuchen auf das Anmutigste verzieren.

Kiwis eignen sich zur Naßkonservierung in Dosen wie zum Tiefgefrieren. Auch kann man aus ihnen Konfitüre, Nektare, Fruchtweine und Liköre bereiten. Kiwis, in Scheiben gezuckert, werden in Deutschland in Dosen angeboten, ebenso Kiwi-Konfitüre.

Kiwibowle. Das Fruchtfleisch von 4 Kiwis in Scheiben schneiden, mit 4 cl Curacao und 8 cl Weinbrand übergießen und für 1 Stunde in den Kühlschrank stellen. Kurz vor dem Servieren mit je 1 Flasche Weißwein und Sekt auffüllen.

2.9. Papaya

Von den verschiedenen Arten der zentralamerikanischen Gattung Carica mit eßbaren Früchten hat nur die Papaya *(Carica papaya;* Fam.: *Caricaceae),* auch „Pawpaw" genannt, weltweite Bedeutung erlangt. Ihre Weltproduktion erreichte 1980 1,92 Mio. t, davon Brasilien 0,40, Mexico 0,31 und Indien 0,27 Mio. t. Papayas gedeihen zwischen 32° nördlicher und südlicher Breite und kommen heute überall in den Tropen vor.

Weitere bekannte *Carica*-Arten sind die Berg-Papaya *(Carica candamarcensis)* und die Babaco *(Carica pentagona);* letztere wird seit kurzem in Neuseeland angebaut.

Die Pflanze ist eine Staude, kein „Melonenbaum". Sie bildet wie die Banane kein sekundäres Holz und entwickelt sich rasch aus einem unverzweigten bis 10 m hohen Stamm. Er ist im Inneren hohl und endet in einem schirmförmigen Schopf tief eingeschnittener, handförmiger Blätter, die bis zu 60 cm lang werden können. Unter dem Schopf hängen die Früchte (botan.: Beeren) zu mehreren an kurzen Stielen rundherum dicht

Abb. 4. *Papaya*

am Stamm. Die dekorativ wirkende Pflanze mit ihren Früchten kann man in den Schauhäusern unserer botanischen Gärten oft bewundern.

Die Papaya, auch Baummelone genannt, ist eine stattliche rundovale bis längliche melonenartige Frucht. Sie hat im vollreifen Zustand eine dünne, glatte, gerippte Schale von grüngelber bis tief oranger Farbe und ein gelbes bis lachsrotes Fruchtfleisch. Das hohle Zentrum der Frucht enthält mehr als 1000 braunschwarze Samen; auch gibt es samenlose Früchte.

Vollreif sind die Früchte weich wie Butter, ihr Geschmack ist mild und süß. Größe und Form der Früchte sind sortentypisch sehr unterschiedlich. Häufig beträgt das Gewicht 400-1000 g, kann aber auch 3 kg erreichen. Exportiert werden stärker aromatische Früchte von maximal 1000 g. Eine bekannte Exportsorte ist „Solo" mit einem Durchmesser von etwa 8-13 cm.

Für lokalen Verkauf werden die Früchte geerntet, wenn ihre Spitze eine leichte Gelbfärbung angenommen hat. Reif geerntete Früchte sind extrem druckempfindlich und nur wenige Tage lagerfähig. Grün gepflückte Früchte entwickeln andererseits nie ihr volles Aroma. Ein weltweiter Handel wurde erst durch den Lufttransport möglich.

Inhaltsstoffe

Die Zusammensetzung enthält Tabelle 1. Hauptfeststoffe sind die *Zucker,* wobei nach neueren Untersuchungen in reifen Früchten etwa 50% auf Saccharose, 30% auf Glucose und 20% auf Fructose entfallen. Der Gesamtzuckergehalt und dessen Anteil an Saccharose steigen mit der Reife stark an.

Das Fruchtfleisch weist kaum Säure auf und kann daher unangenehm süß schmecken. Der mit etwa 0,1% sehr geringe Säuregehalt besteht hauptsächlich aus ähnlichen Mengen an Zitronen- und Äpfelsäure. In geringer Menge wurden α-Ketoglutar-, Wein-, Bernstein-, Oxal- und Galacturonsäure gefunden.

Das *Aroma* erinnert an Aprikosen und Melonen. Ausführliche Untersuchungen ergaben in „Solo" eine große Zahl von Alkoholen und Terpenoiden. Insgesamt konnten 134 Aromastoffe identifiziert werden. Hauptbestandteile waren Linalool und Benzylisothiocyanat mit je über 0,5 mg/kg. Mit 0,1-0,5 mg/kg folgten β-Myrcen, α-Terpinen, Limonen, (Z)- und (E)-Ocimen, p-Cymen, Terpinolen und 1-Butanol, mit 0,05-0,1 mg/kg β-Phellandren, α-Terpineol, (Z)-Linalooloxid und 2-Methylthiophen. Linalool, Linalooloxid und Benzylisothiocyanat entstehen erst auf enzymatischem Wege beim Zerkleinern der Früchte.

Der Carotinoid-Gehalt beträgt 1-4 mg/100 g. Er besteht im wesentlichen aus Kryptoxanthin und Carotinen. Außer in Spuren sind weiterhin Kryptoxanthin-monoepoxid, Kryptoflavin und Violaxanthin und zum Teil Lycopin gefunden worden.

Der durchschnittliche *Vitamin-C-Gehalt* liegt bei 50 mg/100 g und entspricht damit bekannten Citrusfrüchten.

In die Schweiz importierte Früchte enthielten

61–109, im Durchschnitt 77 mg Vitamin C,
0,024 (0,018–0,032) mg Thiamin und
0,358 (0,254–0,477) mg Niacin/100 g eßbarer Anteil.

Schließlich enthalten Papayas macrocyclische Piperidin- und Piperidein-Alkaloide.

Verwendung

Papayas werden nach Entfernen der Samen vor allem frisch wie Melonen oder als Nachtisch mit Zitronensaft, Weinbrand bzw. Creme genossen. Sie ergeben wunderbare Desserts. Mit anderen Fruchtarten können sie als gefüllte Papayas, Fruchtbecher oder Fruchtsalat (z. B. mit Mango und Ananas) verzehrt werden. In exotischen Fruchtsalaten sollte Papaya nicht fehlen. Fruchtcocktails als Mischung von Papaya und wenig Guaven haben das Interesse der Verbraucher gefunden.

Voll ausgewachsene, aber noch unreife grüne Früchte können in Stükke geschnitten oder mit (Fleisch)-Einlage gegart bzw. überbacken wie Gemüse gegessen werden. Auch eignen sie sich in dieser Form sehr gut zum Konservieren in Dosen, zum Tiefgefrieren oder zum Kandieren. So werden Papaya-Stücke in Dosen aus Taiwan importiert. Ebenfalls werden Pickles hergestellt.

Werden die Schale und die bitter schmeckenden Samen vollreifer Früchte entfernt, läßt sich nach Zusatz von etwa 1% Fruchtsäure ein Püree gewinnen, das sich zum Tiefgefrieren oder Pasteurisieren eignet. Hieraus kann eine Reihe von Produkten hergestellt werden, von denen z. B. Papaya-Nektar und -konfitüre in der Bundesrepublik im Handel sind. Die Nektare werden häufig mit anderen Früchten wie Ananas, Passionsfrucht, Zitrone oder Limette verschnitten. Auch sind aus dem Fruchtfleisch durch Trocknen Papayaflocken herzustellen. Schließlich können vollreife Früchte nach Entfernung der Schale und der Samen in Dosen konserviert werden.

Nach Pieniazek „trägt die Papaya wesentlich dazu bei, einen Alkohol-Kater zu beseitigen und sich auch nach einer durchzechten Nacht frisch und wohl für die tägliche Arbeit zu fühlen. Das mag der Grund dafür sein, daß einige Geschäftsleute in ihren Kühlschränken geschnittene Papayas in Dosen oder Papaya-Fruchtcocktails vorrätig halten".

In der indischen *Volksmedizin* gilt Papaya als wertvolles Tonikum und soll Verstopfung und Hämorrhoiden kurieren.

Besonders unreife Früchte enthalten einen *Milchsaft* (Latex), der wegen seines hohen Gehaltes an eiweißspaltenden Enzymen von wirtschaftlicher Bedeutung ist. So wird in Indien und einigen anderen tropischen Ländern der Milchsaft nach wiederholtem Anritzen unreifer Früchte in flachen Gefäßen aufgefangen und dann an der Luft getrocknet. Er kommt als Rohpapain in den Handel.

Papain ist in einer Reihe von Arzneimitteln enthalten, die bei Verdauungsschwäche verordnet werden. – Vor allem wird es heute als sog. Zartmacher für Fleisch empfohlen. Die USA sollen jährlich etwa 200 t importieren (70–80% der Weltproduktion). Zur Papain-Gewinnung verwendete Früchte reifen normal und werden von der Konservenindustrie verwendet.

2.10. Guave und andere Myrtaceae-Früchte

Die Familie der *Myrtaceae* (Myrtengewächse), die meist als immergrüne Bäume oder Sträucher auf allen Kontinenten verbreitet ist, weist nicht nur wichtige Gewürzpflanzen wie Gewürznelken und Piment auf, sondern auch eine Reihe eßbarer Früchte, von denen die Guave *(Psidium guajava)* mit einer Welt-Jahresproduktion von 0,4 Mio. t die bekannteste ist. Sie ist auch unter dem Namen „Guayaba" gebräuchlich. Weiterhin seien die Erdbeer-Guave *(Psidium cattleyanum)* und die Feijoa *(Acca sellowiana)* erwähnt. In Südamerika werden noch weitere *Psidium*-Arten als Obst verzehrt und zum Teil geschätzt. Auch weist eine Reihe von *Eugenia*- bzw. *Syzygium*-Arten eßbare Früchte auf.

2.10.1. Guave

Die Guave, im tropischen Amerika beheimatet, ist eine Kulturpflanze der Inkas und Mayas. Als 3–10 m hohe Sträucher bzw. Bäume mit länglich-ovalen leder-artigen Blättern sind sie heute in allen Ländern der Tropen und Subtropen verbreitet, wobei sie meist auf Strauchgröße gehalten werden. Die Produktion nimmt in der Welt ständig zu, weil der angenehme, harmonische Geschmack in Europa und Nordamerika immer mehr Anklang findet. Hauptproduzenten sind u. a. Indien, Südafrika, Mexico, Kolumbien und Brasilien.

Die Guave ist eine etwa 100–250 g schwere apfel- oder birnen-förmige Frucht von meist hellgelber Farbe mit dicker, rauher eßbarer Schale. Die reifende Frucht ist stets von den Resten der Kelchzipfel gekrönt. Umgeben vom weiß bis weiß-gelben bzw. rosa bis lachsroten Fruchtfleisch bergen die Beeren viele kleine Samen, doch hat die Züchtung auch schon samenlose Sorten hervorgebracht. Es gibt süße und saure Sorten, der Geschmack ist quitten-artig und die Lagerfähigkeit gering. Zur Ernte sollen die Früchte reif sein; für den Export dürfen sie nur wenige Tage früher gepflückt werden.

Inhaltsstoffe

Die Zusammensetzung kann Tabelle 1 entnommen werden.

In der Literatur wird auf einen sehr unterschiedlichen *Vitamin-C-Gehalt* hingewiesen. Er ist im äußeren Fleisch der Frucht wesentlich höher als in der inneren Pulpe, steigt zur Reife sehr stark an und kann danach wieder rasch abfallen. Offensichtlich sind auch die Sortenunterschiede beträchtlich, z.B. in 5 Florida-Sorten 40–440 mg/100 g. 20 in Nigeria untersuchte Früchte (rote Pulpe) enthielten im Durchschnitt 80±3 mg Vitamin C/100 g, während in indischen Früchten 111–307 mg/100 g gefunden wurden. Untersuchungen von 10 Sorten des Gebietes Allahabad (Indien) ergaben einen Durchschnittswert von 185 mg/100 g, wobei die Werte der einzelnen Sorten zwischen 86 und 300 mg/100 g variierten.

Die *Aromastoffe* bestehen hauptsächlich aus Estern (meist Methyl- und Ethylestern) der Essig-, Butan- und Buten-, Hexan- und Hexen-, Octan-, Benzoe- und Zimtsäure, aus einer Reihe von Aldehyden mit 5–10 C-Atomen und Alkoholen mit 5 oder 6 C-Atomen. In einer jüngsten Untersuchung, bei der 154 Verbindungen identifiziert wurden, waren in Konzentrationen von über 1,25 mg/kg vorhanden: (Z)-3-Hexenylacetat, Hexanal, (E)-2-Hexenal, 1-Hexanol und (Z)-3-Hexen-1-ol. In Mengen von 0,25–1,25 mg/kg wurden 7 Ester, 5 Aldehyde, 2 Pentenole, 2 Hexenole und 3-Hydroxy-2-butanon aufgefunden. An *organischen Säuren* sind vor allem Zitronensäure (Hauptbestandteil) und Äpfelsäure enthalten, an Zuckern Fructose und Glucose.

Der *Carotin-Gehalt* ist in älteren Arbeiten als sehr gering angegeben, z.B. 0,01 mg/100 g in der Pulpe und 0,006 mg/100 g in der Schale, oder sehr unterschiedlich z.B. 0,014; 0,025; 0,307 und 0,430. Offensichtlich schwankt er sehr stark, denn in neueren Arbeiten wurden Werte von 0,09 bis 1,28 mg/100 g gefunden.

Verwendung

Eine einfache Art der Verwendung besteht darin, vorausgesetzt man bekommt *frische* Guaven, sie dünn abzuschälen, zu zerkleinern und zu einem Fruchtsalat oder Fruchtcocktail zu verarbeiten, wobei man mit anderen Früchten wie Citrusfrüchten und Ananas kombinieren kann. Eventuell kann Eis, Eier- oder Orangenlikör beigefügt werden. Die Guave läßt sich aber auch sehr gut einfach auslöffeln. Mit Vanille-Eiscreme und Schlagsahne ergeben Guaven-Hälften einen ansprechenden Eisbecher. Auch eignet sich Guaven-Nektar, im Tiefkühlschrank 3-4 Std. angefroren und mit Eiweiß steif geschlagen, zu Sorbets, die im Glas mit Sekt, Gin oder Wodka serviert werden können.

Guaven werden als ganze oder halbe Früchte oder Stücke in Dose oder Glas konserviert oder auch in Stücken kandiert. Aus ihrem gelblichrosa gefärbten Püree, das sich leicht tiefgefrieren läßt, sind Fruchtnektare und Fruchtsaftgetränke zu gewinnen. Weiterhin kann es zu Fruchtsaftpulver, Konfitüre und Gelee, aber auch zu Eiscreme, Joghurt und anderen Sauermilchprodukten, evtl. zusammen mit Orangen und anderen Früchten verarbeitet werden. In der Bundesrepublik sind u. a. Guaven in Dosen, Fruchtnektare (Fruchtsaftgehalt mindestens 25%), Fruchtsaftgetränke sowie Konfitüren im Handel.

In Indien sind Guaven-Gelee und Guaven-Käse (mit Zucker, Butter und etwas Zitronensäure) bekannte Produkte. Zu Guaven-Gelee werden kleinere und damit saurere Früchte verwendet, die gewöhnlich einen hohen Pektingehalt aufweisen.

In Brasilien wird ein dick eingekochtes pastenartiges Mus („Goijabada") zu Käse gereicht. Dieser Nachtisch wird auch „365" genannt, denn man kann ihn 365mal im Jahr verzehren, ein Beweis für seine Beliebtheit. Eine „Guava-Paste" wird auch in Florida und der Karibik hergestellt.

2.10.2. Andere Guaven-Arten

Die *Feijoa* oder *Ananas-Guave (Acca sellowiana)* ist ovalänglich, ca. 40-50 g schwer, weist ein grünlichweißes Fruchtfleisch und eine dünne grüne Schale auf. Sie gehört zu den zahlreichen exotischen Obstarten, deren Bestandteile wie Verarbeitungsmöglichkeiten noch wenig untersucht worden sind. Als Heimat wird Südamerika angesehen.

Über die Zusammensetzung berichtet Tabelle 1. - 50-90% der Gesamtkonzentration an flüchtigen *Aromastoffen* entfallen auf Methylbenzoat und Ethylbenzoat, die für das typische strenge Aroma der Feijoa-Früchte eine Rolle spielen. Neben anderen Aromastoffen wurden weiterhin hauptsächlich 3-Octanon (5%) in Früchten aus Australien, Ethylbutanoat (30%), (Z)-3-Hexenyl-butanoat (8,5%) und (E)-Ocimen (4,7%) in Früchten aus Neuseeland und Linalool und 3-Octanon in japanischen Früchten aufgefunden.

Bei den *Erdbeer-Guaven,* auch „Cattley-Guaven" genannt, gibt es rote

32 Obst

und gelbe Typen. Die roten Früchte *(Psidium cattleyanum)* sind rund, ihr Durchmesser beträgt 2-3 cm, ihr Aroma ist süß nach Erdbeeren, bisweilen etwas sauer. Ihr weißes Fruchtfleisch ist sehr saftig und enthält im Inneren zahlreiche kleine, harte Samen. Die gelben Erdbeer-Guaven *(Psidium cattleyanum* var. *lucidum)* sind ähnlich, aber etwas größer. Wegen der Zusammensetzung siehe Tabelle 1 und 4. Das Aroma beider Typen ist ähnlich. Hauptkomponenten sind α-Pinen, β-Caryophyllen und unbekannte Sesquiterpene, während für das Aroma 2-Heptanon, Ethylcaproat, 2-Nonanon und Geraniol verantwortlich sein könnten.

2.10.3. Eugenia/Syzygium-Arten

Unter den eßbaren Früchten der baumartigen *Eugenia/Syzygium*-Arten, die sich zum Frischverzehr wie zur Naßkonservierung in Dosen eignen und zum Teil in allen tropischen Gebieten angebaut werden können, sind zu erwähnen:

Rosen-Apfel (Syzygium jambos), Heimat: Indisch-Malaiische Region,

Abb. 5. Malay-Apfel

eiförmige Frucht von etwa 4 cm Durchmesser, gelb bis rot, weiß schattiert, mit einer dünnen Schicht gelben Fruchtfleisches und 1 oder 2 braunen Samen. Den Namen verdanken die Früchte ihrem Rosenduft.

Pomerac oder *Malay-Apfel (Eugenia malaccensis)*, Heimat: Malaysia, längliche bis birnenförmige, bis 8 cm lange Frucht von rosaroter oder weißgestreifter karmesinroter Farbe mit weißem Fruchtfleisch und einem großen Samen.

Surinam-Kirsche oder Pitanga (Eugenia uniflora), Heimat: Brasilien, kleine etwa 2 cm große, tief achtgerippte rote Frucht mit gleichfarbigem saftigen Fleisch und 1 oder 2 Samen. Aus ihr kann Nektar hergestellt werden.

Jambolan (Syzygium cumini), Heimat: Brasilien, dunkel kastanienbraune oder auch purpurfarbige Frucht in Form und Größe einer Olive; Zusammensetzung Tabelle 1.

Als *Jabotica (Eugenia cauliflora)* werden auf den Märkten Brasiliens attraktive blau- bis weinrote Früchte von etwa 2-3 cm Durchmesser angeboten. Sie sitzen - wie die Kakaofrüchte - direkt auf dem Stamm und stärkeren Zweigen niedrig wachsender Bäume oder Sträucher. Das helle Fruchtfleisch schmeckt süß-sauer, aromatisch und kann zu Getränken und Konfitüre verarbeitet werden.

2.11. Granatapfel

Der Granatapfel *(Punica granatum;* Fam.: *Punicaceae)* war bereits den Hochkulturen des Altertums wohl bekannt. Den Griechen galt er wegen der Vielzahl der Samen als Symbol der Fruchtbarkeit, die Römer liebten ihn als punischen Apfel. Die Stadt Granada und der Granatschmuck verdanken ihm die Namen. Im Mittelalter drang er in die Mariensymbolik ein, und auf Stilleben des Barocks wird sein fleischiges Inneres mit den Samen stets genüßlich ausgekostet. Heute wird er in vielen subtropischen Ländern, wie eh und je vor allem um das Mittelmeer und im mittleren Osten, angebaut. Sein Ursprung wird im Iran vermutet, wo heute jährlich etwa 35-40000 t geerntet werden. Vom Griechen Theophrast (um 300 v. Chr.) wurde bereits seine Kultur beschrieben.

Beim Granatapfelbaum handelt es sich um relativ kleine Bäume von 2-5 m Höhe; teilweise kommen sie auch als Sträucher vor. In Trockengebieten wird im Winter das Laub abgeworfen, in feuchten bleibt er immergrün. In den fürstlichen Gärten vergangener Jahrhunderte hatte der Granatapfelbaum seinen angestammten Platz und wurde steinalt. So ist das Exemplar des Großen Gartens in Hannover, eines bekannten Barockgartens, vor über 300 Jahren von Venedig über die Alpen nach hier gelangt. Noch heute führt der dekorative kleine Baum den Reigen der Palmen und anderer Kinder des sonnigen Südens im Sommer an.

Der Granatapfel ist eine lagerfähige Frucht. Er erreicht etwa die Grösse eines Apfels und ist von 5-7 harten Kelchzipfeln gekrönt. Die zunächst gelbliche Färbung geht bis zur Reife in dunkelrot bis dunkelviolett über. Seine Schale ist lederartig, ihre Dicke stark von der Sorte abhängig. Die sauren Sorten haben allgemein eine dickere Schale als süße. Die Frucht ist in 10-25 Kammern unterteilt und enthält eine Vielzahl von vierkantigen roten oder gelben Samen – je nach Sorte und Reifegrad verschieden groß – mit blaßroter, saftig-süßer aromatischer Samenhülle. Bei *frischen* Früchten werden die Samen mitverzehrt. Eine ansprechende Färbung, ein milder sauersüßer Geschmack und ein möglichst geringer Tannin-Gehalt sind Zeichen von Qualität.

Inhaltsstoffe

Granatäpfel enthalten vor allem Süße und Säure. Der Zuckergehalt besteht zu 90-100% aus reduzierenden Zuckern, aus Glucose und Fructose in ähnlichen Anteilen. Hauptsäure ist die Zitronensäure. So wurden in italienischem Granatapfelsaft 7,2 g Glucose, 7,9 g Fructose, <1 g Saccharose, 0,50 g Zitronensäure, 0,11 g Äpfelsäure in 100 ml nachgewiesen. An Vitaminen einschl. Vitamin C sind Granatäpfel arm. Über die Zusammensetzung unterrichtet Tabelle 1.

Von den Farbstoffen der Granatäpfel sind vor allem die *Anthocyanine* untersucht. In den Samenschalen nordamerikanischer Granatäpfel wurden in abnehmender Konzentration Cyanidin-3-glucosid, Delphinidin-3-glucosid, Cyanidin-3,5-bisglucosid, Delphinidin-3,5-bisglucosid, Pelargonidin-3-glucosid und Pelargonidin-3,5-bisglucosid nachgewiesen. Die Samenschalen italienischer und spanischer Granatäpfel enthielten die gleichen wesentlichen Anthocyanine, wobei Pelargonidin-glykoside nicht angegeben sind. Die Schalen nordamerikanischer Granatäpfel enthielten die beiden Cyanidin- und ebenfalls in beträchtlicher Konzentration die beiden Pelargonidin-glykoside, während die beiden Delphinidin-glykoside nicht gefunden wurden. Als Bestandteile des Granatapfelsaftes von 16 Sorten Rußlands wurden die beiden Cyanidin-glucoside und Delphinidin-3-glucosid angegeben. – Der Gerbstoff (Tannin) zählt zu den Proanthocyanidinen.

Anthocyanidine	R_1	R_2
Pelargonidin	H	H
Cyanidin	OH	H
Delphinidin	OH	OH
Päonidin	OCH_3	H
Petunidin	OCH_3	OH
Malvidin	OCH_3	OCH_3

In Naturstoffen ist in der Regel meist das OH des mittleren Rings mit Zuckern, z. B. Glucose, verbunden (Glykoside)

Verwendung

Bei frischen Granatäpfeln halbiert man die Frucht und löffelt entweder die saftigen Samenkerne heraus oder preßt sie aus. Aus dem Saft wird Nektar oder Sirup hergestellt, der unter dem Namen „Grenadine" bei uns im Handel wohl bekannt ist. Eisgekühlt werden sie als „Sorbet" oder „Sherbet" getrunken. Granatäpfel ergeben aber auch einen ansprechenden Obstwein und Likör. Zum Eisbecher Granada kann man auf beliebiges Fruchteis je einen Eßlöffel abgetropftes Granatapfelfleisch und Eierlikör geben, mit den Kernen überstreuen und mit etwas Schlagsahne garnieren. Granatapfelsamen kann man auf Obst- und pikante Salate, Fruchtspeisen, Puddings, Reis und viele andere Gerichte streuen. Besonders exotische Platten werden so sehr wirksam. – Aus Bananen und Granatäpfeln kann man einen köstlichen, herb-aromatischen Fruchtsalat herstellen, den man ggf. mit etwas Orangenlikör aromatisiert. Auch eignen sich Birnen und Ananas zum Fruchtsalat, wobei man etwas Zitronensaft und Zucker zugibt.

Übrigens wurde früher die Rinde des Granatapfelbaumes als *Bandwurmmittel* verwendet. Als Cortex Granati war sie noch im Deutschen Arzneibuch 6. Ausgabe (1926) aufgeführt.

Granatapfelcocktail: 2 Granatäpfel halbieren, wie Zitronen auspressen und in einem halben Liter Wasser 15 min kochen. 2 Eßlöffel Zucker und den Saft von 2 Zitronen zugeben, aufkochen, durch ein Sieb passieren und kaltstellen. Je nach Geschmack den Saft mit Wodka oder Gin zu einem besonders erfrischenden Cocktail mixen.

2.12. Passionsfrüchte

Die Passiflora-Arten, zu deutsch Passionsblumen (Fam.: *Passifloraceae*), sind Kletterpflanzen (Lianen) mit interessanten, oft auffallend gefärbten großen Blüten. Zu ihnen zählt auch die bei uns als Zimmerpflanze geschätzte Passionsblume. Sie sind Kinder Südamerikas. Im 17. Jahrhundert wurden sie erstmals nach Europa gebracht. Der Vergleich mit der Dornenkrone und den Leidenswerkzeugen Christi brachte ihnen den Namen Passionsblumen ein. Wegen ihrer Ähnlichkeit mit den roten Granatäpfeln nannten die spanischen Eroberer die purpurrote Frucht „Granadilla" = kleiner Granatapfel, ein Name, der sich dann auch für andere Passiflora-Arten einbürgerte.

Passionsfrüchte werden im wesentlichen als purpurrote Früchte (Purpurgranadilla) von *Passiflora edulis* var. *edulis* oder gelbe Früchte *(P. edulis* var. *flavicarpa)* in tropischen und subtropischen Ländern angebaut und wegen ihrer Transportempfindlichkeit häufig zu Fruchtsaft verarbeitet. Die glatten Früchte ähneln einer großen Pflaume. Angebaute purpurne

Abb. 6. Passionsfrüchte

Passionsfrüchte wiegen etwa 35 g und gelbe etwa 90 g. Sie enthalten zahlreiche herzförmige schwarze Samen in einer gelblichen, gelee-artigen saftigen Pulpe (Arillus) von eigenartig süßsaurem, hocharomatischem Geschmack. Die 3-10 mm dicke Fruchtschale ist verhältnismäßig hart, trocknet beim Aufbewahren der Früchte leder-artig ein, ohne daß sich dies auf die Pulpe auswirkt, und wird in der Regel nicht verzehrt. Die Weltproduktion soll bei 0,2 Mio t liegen. Als Exportländer werden z.B. Brasilien und andere Länder Südamerikas sowie Kenia, Californien und Südafrika genannt.

Neben der *P. edulis* gibt es eine große Zahl weiterer *Passiflora*-Arten, von denen einige eine mehr oder weniger geringe Rolle als Früchte spielen wie: *P. quadrangularis* (Riesengranadilla; Früchte bis 25 cm lang), *P. ligularis* (Süßgranadilla), *P. laurifolia* (Bell-apple), *P. maliformis* (West Indian sweet calabash) und *P. mollisima* (Curuba).

Inhaltsstoffe

Über die Zusammensetzung unterrichtet Tabelle 1. Hauptbestandteile sind im Passionsfruchtsaft wie in allen Obstarten die *Zucker*, wobei nach Untersuchung vieler hundert Proben der Purpur-Species auf Saccharose 20-59% des Gesamtzuckers entfallen; ähnliches gilt für den Saft der gelben Species. Untersucher in Hawai fanden mit modernen Methoden (Gaschromatographie) in gelben und purpurnen Früchten ähnliche Mengen an Glucose, Fructose und Saccharose. In geringer Menge ist in beiden Arten auch Stärke enthalten.

Eine Untersuchung der *organischen Säuren* des Fruchtsaftes ergab Zitronensäure als hauptsächliche Säure, gefolgt von Äpfelsäure. Weiterhin wurden Isozitronensäure, Malonsäure und Bernsteinsäure gefunden.

Der durchschnittliche *Vitamin-C-Gehalt* purpuroter Früchte dürfte 30-50 mg/100 g betragen. Der Thiamin-Gehalt ist als sehr gering bekannt, während der Riboflavin-Gehalt beträchtlicher ist (siehe Tabelle 1). In die In die Schweiz importierte Passionsfrüchte enthielten 29 (12-40) mg Vitamin C, 0,002 mg Thiamin und 2,84 (1,96-4,0) mg Niacin/100 g eßbarer Anteil.

Die *Carotinoide* des Fruchtsaftes bestehen hauptsächlich aus β-Carotin, ζ-Carotin und Phytofluen. Bei einem Gesamtcarotinoid-Gehalt von 0,7-2,0 mg/100 g entfielen auf β-Carotin ca. 40%. In geringer Menge wurden β-Apo-12'-carotinal, β-Apo-8'-carotinal, Kryptoxanthin, Auroxanthin und Mutatoxanthin identifiziert.

An *flüchtigen Aromastoffen* enthalten Passionsfrüchte vor allem Ester, siehe Tabelle 6. Auch in anderen Untersuchungen sind neben Ethylacetat hauptsächlich Ethylbutanoat, Hexylbutanoat, (Z)-3-Hexenylbutanoat, 2-Heptylbutanoat, Ethylhexanoat, Butylhexanoat, Hexylhexanoat angegeben worden.

Durch Wärmebehandlung entsteht aus Vorstufen eine Reihe von Monoterpen-Kohlenwasserstoffen (wie Linalool, Nerol, Geraniol und α-Terpineol), Alkoholen und Oxiden, die frei in der Frucht nicht vorkommen. Durch Aufspaltung der Ester werden bei der Fruchtsaft-Herstellung weiterhin Akohole und Säuren gebildet. Damit unterscheidet sich das Aroma wirklich frischer Passionsfrüchte mehr oder weniger erheblich von dem der Fruchtsäfte.

Tabelle 6. Typische Hauptbestandteile der Aromastoffe der Passionsfrüchte

	Purpurne Früchte		Gelbe Früchte
	Brasilien mg/kg	Kenia mg/kg	Brasilien mg/kg
Ethylbutanoat	9,0	5,0	5,3
Ethylhexanoat	1,3	1,9	6,0
Ethyloctanoat	0,4	1,5	0,4
Hexylacetat	0,25	0,6	0,6
Hexylbutanoat	1,7	2,8	0,8
Hexylhexanoat	4,2	4,0	4,5
Hexyloctanoat	0,8	1,0	0,4
Octylbutanoat	0,6	1,2	0,05
2-Heptylbutanoat	1,0	0,6	–
2-Heptylhexanoat	0,6	2,5	–
(Z)-3-Hexenylacetat	0,75	0,15	0,1
(Z)-3-Hexenylbutanoat	0,25	0,75	0,1
(Z)-3-Hexenylhexanoat	0,6	1,5	0,25
Geranylbutanoat	0,1	0,7	–
Geranylhexanoat	0,2	0,4	–

Verwendung

Unter den tropischen Früchten gibt es kaum eine aroma-reichere Frucht als die Passionsfrucht mit ihrem ausgeprägten und besonders exotischen Aroma. Ihr Geschmack und ihr köstliches Aroma werden von Einheimischen wie Fremden geschätzt. Aus diesem Grunde wird die Pulpe von Passionsfrüchten manchmal Fruchtcocktails zugesetzt, um das Geschmacksniveau und die Qualität zu heben. In Australien und Südafrika wird die Pulpe anstelle von Essig oder Zitronensaft auch für Salatsaucen verwendet. Man kann die Früchte aber auch auslöffeln oder die Pulpe ohne Abtrennung der Samen einem Fruchtsalat zufügen. Sie verleihen Fruchtgemischen eine eigenwillige exotische Note.

Am bekanntesten sind bei uns die Passionsfrüchte unter dem Namen „Maracuja" als Konzentrat, Nektar (Fruchtsaftmindestgehalt 25%), Sirup oder Bestandteil von Fruchtsaftgetränken. Allerdings sind Aroma und Geschmack recht temperaturempfindlich, so daß durch Tiefgefrieren haltbar gemachte Säfte und Konzentrate besser schmecken sollen. 5% Saftanteil genügen bereits, um einen charakteristischen Geruch und Geschmack in einem kohlensäure-haltigen Getränk zu erzeugen. Eine Mischung aus 5% Passionsfruchtsaft und 15% Orangensaft ergibt ein Getränk mit einem fruchtigen ausgezeichneten Geschmack. Das Aroma der Passionsfrüchte verbindet sich harmonisch mit dem anderer Früchte. So verbessert auch ein Zusatz von 5-10% Passionsfruchtsaft zu Apfelsaft dessen Aroma beträchtlich. Die purpurrote Art soll sich besonders für den Verschnitt mit Apfel-, Birnen- und Pfirsichsaft, die gelbe Art mit Orangen-, Ananas-, Guaven- und Papayasaft eignen. Auch eignen sich Passionsfrüchte zur Eiscremeherstellung, z. B. Maracuja-Vanille-Eis, zur Bereicherung von Gelees, Mixgetränken und Joghurt, für Sorbets und Desserts. Der Nektar läßt sich gut mit Sekt, Gin oder Wodka mischen. Etwas Orangenschale oder ein Pfefferminzblatt können den Geschmack variieren. - Auch gibt es Maracuja-Likör.

Tropischer Fruchtsalat: 4 Passionsfrüchte aufschneiden und den Inhalt mit anderen geschnittenen Früchten (250 g Erdbeeren, 2 Bananen, 250 g Süßkirschen) auf 4 Portionsschälchen verteilen. Mit dem Saft einer Orange und 4 Glas Rum übergießen und jeweils mit einer Haube aus Schlagsahne, verziert mit Borkenschokolade, besetzen.

2.13. Citrusfrüchte

Orangen (Apfelsinen), Grapefruits, Mandarinen und Zitronen sowie das Citronat der Weihnachtsbäckerei kennt jeder. Damit ist aber die Vielfalt der Citrusfrüchte nicht erschöpft. Sie ist wesentlich größer; so kommen jetzt gelegentlich auch Pampelmusen, Limetten und Kumquats bzw. Produkte daraus auf unseren Markt.

Fast alle in der Welt verzehrten oder industriell verwendeten Citrusfrüchte stammen von Bäumen der Gattung *Citrus,* die zur Familie der *Rutaceae* (Rautengewächse) zählt. Daneben haben in der Welt auch die Gattungen *Fortunella* (siehe Kumquat) und *Poncirus* (wegen ihrer Frostunempfindlichkeit als Unterlage von Citrusarten und Züchtungen) wirtschaftliches Interesse.

Eine zuverlässige botanische Einteilung der angebauten Citrusarten ist durch die Existenz zahlreicher Mutanten, Hybriden (Kreuzungen) und Sorten sehr erschwert. In Tabelle 7 wird der Versuch einer Einteilung unternommen.

Schließlich bestehen für uns schon sprachliche Schwierigkeiten: Grapefruit und Pampelmuse werden oft durcheinandergebracht, obwohl sie als unterschiedliche Arten gelten. Es gibt Sauer- und Süßcitronen. In der englischen Sprache werden die Süßcitronen, von denen unser Citronat stammt, als „citrons" bezeichnet, die sauren, die wir als Zitronen verwenden, dagegen als „lemons".

Tabelle 7. Botanische Einteilung der wesentlichen eßbaren Citrusarten

Orange (Apfelsine)	Sweet orange	*Citrus sinensis*
Grapefruit	Grapefruit	*Citrus paradisi*
Mandarine	Mandarin	*Citrus reticulata*
Satsuma-Mandarine	Satsuma	*Citrus unshiu*
Tangerine	Tangerine	*Citrus deliciosa*
Pampelmuse	Pomelo, shaddock	*Citrus maxima*
Zitrone	Lemon	*Citrus limon*
Süßcitrone	Citron	*Citrus medica*
Limette	Lime	*Citrus aurantifolia*
Süßlimette	Sweet lime	*Citrus limetta*
Pomeranze (Sauer- oder Bitterorange)	Sour orange	*Citrus aurantium*

Nachfolgend seien die weniger bekannten Citrus-Arten kurz beschrieben:

Pampelmusen sind kugel- bis birnenförmig und größer als Grapefruits, mit denen sie verwandt sind und von denen sie in der Welt weitgehend verdrängt worden sind. Zur Zeit spielen sie nur noch in einem begrenzten Gebiet Südostasiens (Vietnam, Thailand, Malaysia) eine gewisse Rolle. Sie haben eine dicke, glatte, grüngelbe bis hellgelbe Schale und können gelegentlich eine enorme Größe erreichen (bis 25 cm Durchmesser und bis 6 kg Gewicht). Ihr saurer und bitterer Geschmack variiert offensichtlich sehr. Neuerdings gibt es Sorten, in denen die bittere, saure und süße Komponente zu einem ansprechenden Geschmack vereint sind. Solche Sorten werden z. B. aus Israel als Früchte von etwa 10-15 cm Durchmesser nach Deutschland importiert (Pomelo; Shaddock). Ihr Fleisch eignet sich gut zu Rohkostsalaten oder auch zu Muschelsalat.

Limetten sind der Zitrone ähnlich, am Stielansatz abgerundet und ohne vorgezogene Endwarze. Ihre dünne Schale ist in halbreifem Zustand grün, in vollreifem gelb. Limetten können in ihrem gelbgrünen, sehr saftigen Fruchtfleisch beträchtliche Mengen an Zitronensäure enthalten und schmecken dann noch saurer als Zitronen. Es gibt aber auch mildsauere Sorten. Ihr Geschmack ist eigenartig zitronenähnlich und gewürzhaft.

Im Anbau werden im wesentlichen 2 Typen unterschieden, die samenhaltige, kleinfrüchtige, 4-6 cm lange Key- (Mexikanische oder Westindische) Limette, in Mexiko als „Limon Mexicano" bekannt, und die großfrüchtige, etwa zitronengroße samenlose Persische (Tahiti) Limette. Die Hauptanbaugebiete erstrecken sich von den USA bis Brasilien. So werden z. B. in Mexiko jährlich 400 000-500 000 Tonnen geerntet.

Beide Typen werden oft auf Limetten-Saft verarbeitet, der auch nach Europa exportiert wird. Er wird zu den unterschiedlichsten alkoholischen und Erfrischungs-Getränken und zu Salaten verwendet. Auch ist Limetten-Nektar bekannt. Aus den Schalen wird Öl gewonnen.

Die Früchte der *Süßlimette* wiegen etwa 45-125 g und weisen eine gelbgrüne bis goldgelbe warzig-rauhe Schale auf. Ihr Geschmack ist im Gegensatz zu Limetten - wie der Name besagt - süß bis sehr süß. Sie werden in Amerika in relativ geringer Menge angebaut, z. B. werden in Mexiko jährlich 20 000-30 000 t geerntet.

Von den Süßzitronen hat für uns vor allem die *Zedratcitrone (Citrus medica* var. *bajoura)* mit großen 1-2 kg schweren Früchten Bedeutung. Sie wird u. a. in Italien, Griechenland, Korsika, aber auch in Amerika angebaut. In Gestalt und Farbe der Zitrone ähnlich, unterscheidet sie sich von ihr außer in der Größe vor allem durch die sehr dicke, schwammige, warzigrunzlige Fruchtschale. Von noch unreifen, grünen halbierten Früchten werden die aromatischen Schalen zuvor in Kochsalzlösungen eingelegt, blanchiert und durch fachgerechtes Kandieren mit Zuckerlösungen steigender Konzentration zu Citronat (Succade) verarbeitet.

In gleicher Weise wird das Orangeat aus den voll essenzhaltigen Schalen der *Pomeranzen* gewonnen. Sie werden auch Bitter-, Sauer- oder Sevilla-Orangen genannt, sind kugelförmig und haben eine dicke und rauhe orangefarbene Schale von bitterem Geschmack. Wichtiges Anbauland ist Spanien.

Die Früchte werden kaum gegessen. Aus ihrem sauren und bitteren Fruchtfleisch wird die vorzüglich schmeckende „Orangen"-Konfitüre gewonnen. Weiterhin dienen die Früchte zur Herstellung vom Pomeranzenöl und Likören.

Unreife getrocknete Pomeranzen, 0,5-2 cm groß, wurden als „Fructus Aurantii immaturi" arzneilich als *Bitter- und Magenmittel* in Tinkturen wie Tinctura amara (Bittertinktur) oft verwendet. Auch wurden in ähnlicher

Weise die getrockneten Pomeranzenschalen als „Pericarpium Aurantii" benutzt. Beide waren noch im Deutschen Arzneibuch 6. Ausgabe (1926) aufgeführt, ein Zeichen ihrer früheren Wertschätzung. Heute noch werden getrocknete Pomeranzenschalen, aber auch die der Orange und Zitrone, als Gewürz und in der Likörfabrikation verwendet. Sie bestehen hauptsächlich aus der farbigen Außenschicht, welche die Exkretbehälter (ätherisches Öl) enthält.

In Japan spielt die *Satsuma-Mandarine (C. unshiu)* mit etwa 85% der dortigen Citrus-Gesamtproduktion (3 400 000 t) die Hauptrolle. Die Frucht, bei uns als „Mandarinen-Orange" in Dosen gehandelt, ist samenlos und leicht zu schälen. Mit etwa 8% der Gesamtproduktion steht die *Natsudaidai (C. natsudaidai)* an zweiter Stelle. Sie vereinigt den Charakter der Pampelmuse, Pomeranze und Mandarine. Sie ist etwa grapefruit-groß, 300–400 g schwer, von gelboranger Farbe, mit mitteldicker Schale und mäßig vielen Samen. Ihr Aroma wird als sauer und erfrischend und mild bitter bezeichnet. In geringerem Maße werden *Hassaku (C. hassaku)* und *Iyo (C. iyo)* angebaut.

Kumquats (Fortunella margarita) stellen die kleinsten Citrusfrüchte dar. Sie sind von leuchtend goldgelber Farbe und wachsen an dekorativen kleinen Bäumchen, die bei uns zunehmend als Zierpflanze mit Früchten auf dem Fensterbrett gehalten werden. In Größe und Form entsprechen Kumquats einer kleinen bis mittleren Pflaume, einige Sorten sind länglich, andere rund. Die indische Bezeichnung „Kumquat" bedeutet „kleine Goldorange"; so werden sie bisweilen auch in Deutschland bezeichnet. Sie werden als ganze Früchte mit Schale verzehrt; die Schale schmeckt süß und das Fruchtfleisch relativ sauer.

Sie sind in China weit verbreitet. Ihr Import aus China und Japan ist indessen noch sehr gering. Ungeschälte, in Scheiben geschnittene Kumquats eignen sich vorzüglich zum Garnieren von Fruchtsalat, wenn man nicht vorzieht, sie gleich frisch zu verzehren. In ihrer Heimat werden sie auch zu Konserven und Konfitüren verarbeitet oder in Sirup eingelegt. So gelangen aus China Kumquats in Dosen auf den deutschen Markt.

Chironja ist eine erst seit kurzer Zeit bekannte natürliche Hybride der Orange und Grapefruit. Ihr Name ist zusammengezogen aus den in Puerto Rico gebräuchlichen Bezeichnungen für Orange und Grapefruit, china und toronja. Sie soll als Frischfrucht die guten Eigenschaften beider Eltern verbinden. In der Größe liegt sie zwischen ihnen. Sie läßt sich leicht von Hand schälen und in Segmente aufteilen. Sie ist süßer als die Orange und bei Temperaturen um 7 °C gut haltbar.

Zur Zeit ist diese Citrus-Hybride auch in USA noch recht unbekannt; ihr Anbau ist noch gering. Ihr wird aber von Fachleuten eine Zukunft vorausgesagt, weshalb wir sie hier mit aufgenommen haben.

Von einer Citrus-Art stammt auch das Gewürz „Indische Zitronenblätter" (s. S. 144).

Inhaltsstoffe

Die geschmacklich wichtigen Inhaltsstoffe aller Citrus-Früchte sind die Zucker, Säuren, Aromastoffe (ätherische Öle) und Flavonoide.

Die *Zucker* bestehen wie überall in höheren Pflanzen fast ausschließlich aus Glucose, Fructose und Saccharose. So wurde z. B. für Limettensaft ein Gehalt von 0,9% Glucose, 0,9% Fructose und 0,3% Saccharose angegeben; in anderen Proben wurden an Glucose + Fructose 0,64% in Key- und 1,29% in Tahiti-Limetten und an Saccharose 0,12 bzw. 0,10% erhalten.

Die hauptsächliche *Säure* ist in Citrusfrüchten die Zitronensäure. Daneben kommen Äpfelsäure und Bernsteinsäure vor, und es kann eine größere Zahl anderer organischer Säuren in geringer bis Spurenmenge auftreten. So wurden z. B. angegeben:

		Zitronensäure g/100 ml	Äpfelsäure g/100 ml	Bernsteinsäure g/100 ml
Satsuma-Mandarinen	Japan	0,97	0,08	Spuren
Natsudaidai	Japan	1,02	0,17	0,09
Limetten	USA	7,00	0,10	
Süßlimetten	Israel	0,08	0,20	

Unter den zahlreichen Bestandteilen der ätherischen Öle, die stets als geschmacklich und geruchlich unbedeutenden Hauptbestandteil das Limonen enthalten, sind in Limetten die Aldehyde Neral, Geranial, Citral sowie das Terpen 1,8-Cineol genannt. Zum Aroma der Kumquats tragen Sesquiterpene, Terpen-Aldehyde wie Neral, Geranial und Citronellal sowie Alkohole bei.

An *Flavonoiden* sind in allen Citrusarten die sog. Flavanonglykoside zu erwähnen. Bei gleichem Flavanon-Grundgerüst schmecken die Neohesperidoside mehr oder weniger deutlich bitter, während die Rutinoside keinen Eigengeschmack aufweisen. Der ganze Unterschied zwischen beiden Disacchariden (Zweifachzuckern), die beide aus je einem Molekül Rhamnose und Glucose aufgebaut sind, besteht darin, daß in der Neohesperidose das C-Atom 2 und in der Rutinose das C-Atom 6 der Glucose jeweils mit dem C-Atom 1 der Rhamnose verknüpft ist. Bitter schmeckendes Naringin (Naringenin-7-β-neohesperidosid) enthalten neben der Grapefruit die Pampelmuse, die Natsudaidai, die Hassaku, die Pomeranze, die Kumquats und die Früchte von *Poncirus trifoliata*.

Das ähnlich bitter schmeckende Poncirin (Isosakuranetin-7-β-neohesperidosid) wurde in Grapefruits, Pampelmusen, Kumquats und einigen unwichtigen Citrus-Arten sowie in *P. trifoliata* sowie *F. crassifolia* nachgewiesen. In den süßschmeckenden Citrus-Arten kommt als Hauptflavonoid in der Regel das Hesperidin (Hesperetin-7-β-rutinosid) vor.

Wenn man bitter schmeckende Flavanon-7-neohesperidoside durch Ringöffnung am mittleren Ring in sog. Dihydrochalkon-7-neohesperidoside umwandelt, so schmeckt das Dihydrochalkon vom Naringin ähnlich und vom Neohesperidin wesentlich intensiver süß als Saccharin! So können moderne, den natürlichen Pflanzeninhaltsstoffen sehr ähnliche Süßstoffe hergestellt werden! Die entsprechenden Dihydrochalkon-rutinoside bleiben geschmacklos.

$X = \beta\text{-Neohesperidosyl-}$

2.14. Litschi, Longan und Rambutan

2.14.1. Litschi

Litschi (*Litchi chinensis;* Fam.: *Sapindaceae*), auch Lychee, Litschipflaume oder chinesische Haselnuß genannt, ist eine 15–30 g schwere kugelige bis eiförmige Frucht mit einer jährlichen Weltproduktion von ca. 200 000 t. In herabhängenden Rispen zu etwa 10 und mehr Früchten wachsen sie an bis 12 m hohen mit immergrünen Fiederblättern besetzten Bäumen, die unter der Bezeichnung „Lee-Chee" seit 3000 Jahren in Ostasien kultiviert werden. Die geschätzten, aber leicht verderblichen Früchte haben eine dünne, harte, leicht zerbrechliche leuchtend rosa- bis weinrote Schale, die später braun wird. Diese erscheint wie aus kleinen 5- oder 6eckigen Feldern zusammengesetzt, wobei jedes Feld etwa in der Mitte mit einer kurzen zipfeligen Spitze endet. Die Schale umgibt den Samenmantel oder Arillus, ein weißes, mehr oder weniger durchscheinendes gelee-artiges, sehr saftreiches, zartes Gewebe mit einem festen inneren Basalteil, der wiederum einen großen glänzenden dunkelbraunen Samen (ca. 2 cm lang und 1 cm breit) umschließt. Die Schale löst sich leicht vom Arillus. Nur dieser ist eßbar. Er schmeckt aromatisch süß, leicht säuerlich, etwas nach Muskattrauben.

Litschis werden vor allem in Südostasien und dem südlichen China, aber auch in einer Reihe anderer Länder wie Südafrika, Australien, Madagaskar, Kenia, Brasilien und USA (Florida, Hawai) angebaut. Litschis sind im chinesischen Kulturkreis besonders beliebt und werden zu den feinsten Früchten der Welt gezählt.

Inhaltsstoffe

Über die Zusammensetzung (Tabelle 1) und besonders über die Inhaltsstoffe ist bisher relativ wenig bekannt. Früchte aus Hawai enthielten bei einem Gesamtzuckergehalt von 16,75 g/100 g Frucht 8,56 g Saccharose (51,1%), 5,04 g Glucose (30,1%) und 3,15 g Fructose (18,8%). Hauptsäure ist die Äpfelsäure mit etwa 80% des Gesamtsäuregehaltes, daneben wurden Zitronen-, Bernstein-, Malon-, Glutarsäure nachgewiesen.

Unlängst wurden die flüchtigen *Aromastoffe* der Früchte untersucht. Hierbei wurden 42 Verbindungen identifiziert, von denen β-Phenylethanol und seine Derivate sowie vor allem Terpenoide den Hauptanteil bilden.

Die Farbe der Fruchtschale ist durch Anthocyanine bedingt, von denen vier als Cyanidin-3-glucosid und -3-galactosid sowie Pelargonidin-3-glucosid und -3,5-bisglucosid aufgeklärt wurden. Auch sind Kämpferol- und Quercetin-glykoside enthalten.

Verwendung

Nach altem chinesischen Brauch nimmt man die Litschi mit der Schale in die Hand, entfernt am Blütenende die Schale und drückt die Frucht dann mit dem Kern in den Mund. Der Kern wird weggeworfen. Man kann sie leicht mit Zitronensaft, aber auch Fruchtlikör oder Weinbrand, beträufeln oder zuckern. Sie eignet sich gut zu Salaten, Bowlen, Cocktails und Sorbets. Ihr feines Aroma verträgt sich praktisch mit allen Gerichten, ob süß oder gewürzt. Besonders attraktiv sind gefüllte Litschis, statt des Samens ein Stück Ananas oder eine Beere oder ein Stück milden Weichkäse. Auch kann man Litschis z. B. mit Himbeeren, Erdbeeren und Avocadowürfeln mischen und nach Zugabe von Zucker und Zitronensaft mit gesüßtem Quark oder mit Schlagsahne reichen. Auch als Cocktailbissen - je eine Frucht wird auf einen Käsewürfel gespießt - werden Litschis serviert.

Doch werden in China die Litschis gewöhnlich nicht roh, sondern kurz angekocht zur Reistafel oder als Kompott verzehrt. Sie sollen hierbei nur heiß werden, nach längerem Kochen sind sie zäh.

Litschis lassen sich gut konservieren. So werden sie ohne Schale und ohne Kern nach Zusatz von etwas Fruchtsäure in Dosen z. B. aus Taiwan nach Deutschland importiert; man findet sie heutzutage schon in vielen Geschäften und kann sie in Chinarestaurants als Kompott verzehren. Auch Litschiwein wird bei uns in Chinarestaurants angeboten und hat einen strengen, eigenartigen, jedoch nicht zu verachtenden Geschmack. Auch gibt es Litschi-Nektar aus China bei uns zu kaufen. Er ist sehr erfrischend und vermischt mit Sekt ein vorzüglicher Aperitif.

Abgetropfte Litschis und etwas Maracuja(Passionsfrucht)-Likör kann man auf Vanilleeis geben, etwas Schlagsahne zufügen und alles mit Schokolade-, Mandel- oder Pistazienraspeln überstreuen. Litschis eignen sich als pikante Komponente zu Fleisch- und Fischgerichten. Auch werden die mit etwas Zitrone oder herbem Weißwein nachgesäuerten Früchte warm über Pfannen- und Grillgerichten, an Bratensoßen oder in Ragouts und Schmorbraten geschätzt.

Zu *Litschi-Cocktail* gibt man eine geschälte Litschi in ein Cocktailglas und dazu je einen Teil trockener Gin, Wermut und Rum.

In China werden Litschis auch in Büscheln an der Sonne getrocknet und später als „Litschinüsse" gehandelt. Möglicherweise stammt daher die Bezeichnung „chinesische Haselnuß". Ihr Geschmack unterscheidet sich deutlich von dem der frischen Früchte, etwa so wie Weinbeeren und Rosinen.

2.14.2. Longan

Longan (chin.: Long Yan; *Dimocarpus longan*) ist eine 2-3 cm große, kugelrunde bis eiförmige, fast glattschalige zimtbraune Schließfrucht eines in China beheimateten immergrünen und dabei kälteresistenten Baumes. Er kann etwa 10 m hoch werden und trägt in guten Jahren eine Unmenge an Früchten. Diese sind Litschis sehr ähnlich, hängen wie diese in endständigen Rispen herab und können wie Litschis verwendet werden. Sie schmekken geringer adstringierend als Litschis, sehr süß, mild und haben nur wenig Säure. In den Anbauländern als Obst hochgeschätzt, werden sie frisch verzehrt, aber auch zu Kompott, Desserts und Konserven verarbeitet. In China-Restaurants werden konservierte Longans als Kompott angeboten; auch werden Longans z. B. aus Taiwan eingeführt. Für *Longan-Sekt* gibt man gut gekühlte, entkernte Früchte in Sektgläser und füllt mit Sekt auf.

Die Zusammensetzung kann Tabelle 1 und die der Aminosäuren Tabelle 4 entnommen werden.

2.14.3. Rambutan

Rambutan *(Nephelium lappaceum)* – malayisch „rambut" = haarig – schmeckt ähnlich süß und aromatisch wie ihre Verwandte, die Litschi. Es sind die Schließfrüchte eines bis 20 m hohen, meist in Malaysia kultivierten immergrünen Baumes. Wie die Litschis hängen sie an Rispen herab. Die pflaumengroße Frucht (Zusammensetzung s. Tabelle 1) ist rot, gelegentlich auch gelb, 4–6 cm lang, wie die Litschis gefeldert; jedes Feld ist mit warzig-faserigen Auswüchsen von 1–1,5 cm Länge bedeckt. Der 2 cm große Samen ist von einem weißlichen, dicken, süß schmeckenden, saftigen Samenmantel (Arillus) umgeben.

Die Rambutan kann wie die Litschi verzehrt und zubereitet werden. „Rambutan" und „Rambutan, gefüllt mit Ananas" sind in der Bundesrepublik in Dosen erhältlich.

2.15. Cherimoya und andere Annona-Arten

Von dem köstlichen Fruchtaroma einzelner *Annona*-Arten (Fam.: *Annonaceae*) sind Kenner begeistert. Kein altweltliches Obst soll dieses Aroma aufweisen, sondern nur diese Exoten. Hierbei handelt es sich um Sammelfrüchte von oft herzförmiger Gestalt mit einer in Schuppen gegliederten Oberfläche und zahlreichen braunen bis schwarzen Samen. Die Stammpflanzen (bis etwa 8 m hohe Bäume) sind meist im tropischen Amerika beheimatet.

In Europa ist die *Cherimoya (Annona cherimola),* z. B. aus Importen aus Israel und Spanien, am bekanntesten. Nach Brücher wird „*die Cherimoya von Feinschmeckern als die beste tropische Frucht bezeichnet". „Es bleibt nur zu wünschen, daß die verbesserten Möglichkeiten des Fruchttransportes zwischen Südamerika und Mitteleuropa mehr Europäern die Möglichkeit geben, ausgelesene Cherimoya kennenzulernen."*

Cherimoyas sind aus der Zeit der Inkas bekannt. Sie sind herzförmig, mit einem Durchmesser von 10-15 cm, zeigen ein graugrünes, regelmäßiges Schuppenmuster und ähneln etwas einem überdimensionierten Tannenzapfen. Die Sammelfrucht ist aus Karpellen aufgebaut. Somit sind Fruchtgröße und -form von der Anzahl der befruchteten Karpelle abhängig, und es kommen leider auch mißgebildete oder unterentwickelte Früchte häufig vor. Das weiß-bläuliche Fruchtfleisch ist zart, butterweich, von feiner Süße und schmeckt bei manchen Sorten leicht säuerlich. Die relativ dünne Schale wird nicht mitverzehrt.

Angaben über Cherimoyas aus Calabrien enhält Tabelle 1.

In der Frucht konnten bisher 208 flüchtige *Aromastoffe* identifiziert werden, darunter 23 Kohlenwasserstoffe, 58 Ester, 54 Alkohole und 47 Carbonyl-Verbindungen. Mengenmäßig stehen Alkohole wie 1-Butanol (0,5-1 mg/kg), 3-Methyl-1-butanol (>1 mg/kg), 1-Hexanol (>1 mg/kg) und Linalool (0,5-1 mg/kg) sowie eine Reihe von Butansäureestern wie Butyl-, 3-Methylbutyl- und Hexylbutanoat (jeweils 0,1-0,5 mg/kg) im Vordergrund. Die *Sterine* der Pulpe bestehen nach chromatographischen Untersuchungen zu 50% aus Sitosterol und 40% Stigmasterol. Daneben kommen Campesterol sowie Spuren Cholesterol vor. An phenolischen Inhaltsstoffen sind in der Frucht (+)-Catechin und (−)-Epicatechin sowie die Procyanidine B_1, B_2, B_3 und B_4 nachgewiesen worden.

Cherimoyas wie alle reifen Annonen-Früchte sind sehr druckempfindlich und verderben leicht, sodaß sie in noch hartem Zustand meist durch Luftfracht exportiert werden. Sie sollten kühl, jedoch nicht kalt verzehrt werden. Zur Verzögerung der Braunverfärbung träufelt man gern vor dem Verzehr etwas Zitronen- oder Limettensaft auf die Schnittfläche der Früchte. Auch bringt die Säure das Fruchtaroma besser zur Geltung. Nach Entfernung der Kerne werden Cherimoyas als Dessertfrucht ausgelöffelt oder zu Obstsalaten, Cremes, Süßspeisen und Mixgetränken, z. B. Milchmischgetränken, verwendet. Geschälte, halbierte und in Scheiben geschnittene Früchte können auch in Sekt gelegt und kühl in Schalen serviert werden.

Unter der lokalen Bezeichnung *Ilama* ist die Frucht der *Annona diversifolia* in den zentralamerikanischen Staaten bekannt. Sie ähnelt im wesentlichen der Cherimoya, mit der sie nach Brücher den vorzüglichen Geschmack und das cremeartige Fruchtfleisch gemeinsam hat.

Die unregelmäßig herz- oder nierenförmige *Guanabana (Annona muricata),* die auch „Stachelannone" oder „Sauersack" (engl.: soursop) genannt wird, ist vor allem in Südamerika unter dieser Bezeichnung verbreitet; das Wort stammt von den Antillen. Mit einem Gewicht bis 2 kg ist sie die größte aller Annona-Arten, etwa so groß wie eine Wassermelone. Ihren Namen „Stachelannone" hat sie von den zahlreichen etwa 3-6 mm langen fleischigen Stacheln, welche die dicke dunkelgrüne Schale bedecken; den Namen „Sauersack" verdankt sie dem säuerlichen, erfrischenden

Abb. 7. Guanabana

Geschmack. Die Frucht ist unansehnlich, ihre Teilfrüchte sind als Warzen mit je einem Stachel erkennbar. Das elfenbeinfarbene Fruchtfleisch soll faserig, fast wollig auf der Zunge und darum weniger angenehm zu essen sein. Doch lassen sich daraus vorzügliche Getränke und Desserts herstellen. So eignet sich die Guanabana aufgrund ihrer Säure gut zu Erfrischungsgetränken, Nektaren, Milchmischgetränken, alkoholischen Getränken, Eiscreme, Fruchtjoghurt, Gelees, Sherbets, Süßwaren und Backwaren. – Die reife Frucht enthält Glucose, Fructose und Saccharose in ähnlichem Verhältnis. Bei den Säuren dominiert die Äpfelsäure über die Citronensäure.

So wird aus dem Fruchtsaft in Cuba durch Mischen mit Milch und Zucker ein sehr erfrischendes Getränk („Champola") hergestellt, während man in Puerto Rico nur den Saft mit Wasser zu „Carato" verdünnt. Ein Getränk aus 20% Guanabanasaft und 80% Zuckerrohrsaft wird als „Guarapo" getrunken. Auch sollen Nektare aus Gunanabana und Papaya bzw. Tamarinden gut munden.

An Säuren sind hauptsächlich Äpfelsäure (Hauptkomponente) und Zitronensäure enthalten.

50 Obst

Abb. 8. *Schuppen-Annone*

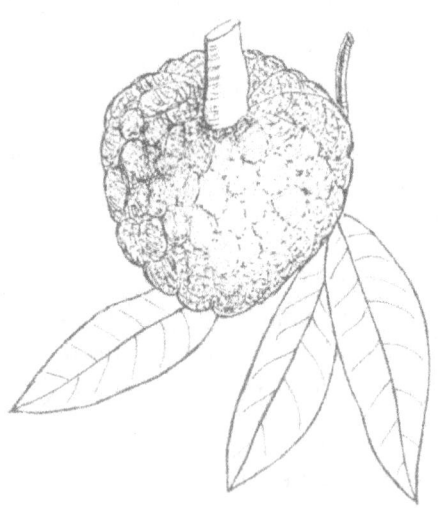

Abb. 9. *Netzannone*

Dem „soursop" steht der „sweetsop", *Süßsack (Annona squamosa)* mit seinem sehr süßen Geschmack gegenüber, der an den der Cherimoya erinnern soll. Die Früchte werden auch *Zuckerapfel* (sugar apple) genannt. Sie sind oval bis herzförmig, etwa 6-9 cm lang und 200-300 g schwer, haben eine blaugrüne Schale mit ziemlich lose gegliederten Schuppen (daher auch der Name *Schuppen-Annone*) und ein cremeartiges gelbliches bis weißes körniges Fruchtfleisch von angenehmem Aroma. Sie werden meist zu Getränken verwendet bzw. verarbeitet.

Die *Netzannone (Annona recticulata)*, weist eine gleichmäßig geformte Frucht von etwa 8-12 cm Durchmesser und einem Gewicht bis etwa 1 kg auf. Ihre Schale ist wie ein Netz in fünfeckige Schuppen gegliedert. Sie kann leicht mit der Cherimoya verwechselt werden. Ebenfalls aus Zentralamerika stammend, ist sie im ostasiatischen Raume kommerziell die wichtigste Annona-Frucht; nach Europa wird sie kaum exportiert. Das weiße, weiche Fruchtfleisch schmeckt sehr süß, jedoch fade, ohne Charakter; aus ihm werden meist Erfrischungsgetränke hergesellt.

In Australien steht die *Atemoya (Annona atemoya)* im Vordergrund. Die grünliche Frucht ist ähnlich gebaut wie die anderen Annona-Species und wiegt etwa 650 g. Ihr Säuregehalt besteht zu etwa gleichen Teilen aus Äpfel- und Citronensäure. Angaben über die Inhaltsstoffe in Tabelle 1.

2.16. Kaki und Lotuspflaume

2.16.1. Kaki

Kaki oder japanische Persimmone *(Diospyros kaki)* kennen wir als die Beerenfrucht eines bis etwa 8 m hohen Baumes. Er zählt zur Familie der Ebenholzgewächse *(Ebenaceae)*. In Japan und China beheimatet, wird er heute in allen subtropischen Gebieten angebaut, verträgt aber kein heißes Trockenklima. Nach Mandarinen-Orangen und Äpfeln steht Kaki mit etwa 300 000 t an dritter Stelle der japanischen Obstproduktion.

Die 5-8 cm großen und etwa 150-300 g schweren Früchte mit vier Kelchblättern am Stielansatz ähneln in Fruchtfleisch und Beschaffenheit einer großen Tomate. Sie haben eine dünne, glatte, glänzende Schale und ein weiches, gelee-artiges, in Fächern unterteiltes Fruchtfleisch mit bis etwa 10 Samen; es gibt aber auch schon kernlose Sorten. Die Fruchtfarbe soll von gelb über gelbrot, orangerot bis purpurfarben variieren; meist ist sie gelborange bis rot.

Die Früchte haben verschiedene Namen wie Kakiapfel, Kakipflaume, chinesische Quitte, japanische Dattelpflaume, Dattelfeige. Am bekanntesten ist Kaki. Sie werden vor allem in Japan, China und Korea kultiviert, nach Deutschland gelangen die Früchte oft aus Italien oder Spanien.

Von der Kaki existieren mehr als 1000 Sorten, die in nichtadstringierende (tannin-freie) und adstringierende (tannin-haltige) unterschieden werden. Die ersten werden direkt als Frischobst verzehrt; auf sie entfallen in Japan ⅔ der Ernte. Vor der Reife schmecken Kaki noch herb, ausgereift dagegen aromatisch süß. Hoher Zuckergehalt, geringe Adstringenz und rote Farbe sind Zeichen guter Qualität.

Inhaltsstoffe

Kaki (Zusammensetzung Tabelle 1), die gelborange bis rot sind, enthalten etwa 4,5-6,5 mg Gesamtcarotinoide/100 g (Grenzwerte bei 38 Sorten: 2,0-11,5 mg/100 g). Hauptbestandteil stellt das Provitamin A-aktive Kryptoxanthin mit 30-50% der Gesamtcarotinoide dar, β-Carotin kommt zu etwa 5% vor. Um je 10% und etwas höher entfallen auf Zeaxanthin, Antheraxanthin und Violaxanthin. Der Gehalt an Lycopin scheint sehr unterschiedlich zu sein, 0-40%.

Der Ascorbinsäure-Gehalt soll in der unreifen Frucht und vor allem in der nichteßbaren Schale (150-220 mg/100 g) recht hoch sein. - Über 90% des Gesamtzuckergehaltes entfallen auf Glucose und Fructose.

Beim *Tannin* handelt es sich um Proanthocyanidine des Delphinidin- und Cyanidin-Typs, die teilweise am Kohlenstoffatom 3 mit Gallussäure verestert sind. In adstringierenden Sorten wurde weiterhin β-D-Glucogallin (1-O-Galloyl-β-D-glucose) nachgewiesen, das in nicht adstringierenden Sorten fehlt.

Verwendung

Kakis werden meist frisch verzehrt. Getrocknete und kandierte Persimmonen sind in China ein beliebtes und charakteristisches Produkt. Getrocknete Früchte werden auch als „Kakifeigen" exportiert. Kakis lassen sich leicht zu Konfitüre verarbeiten. Auch ergeben sie ein tiefgefrorenes Püree von guter Farbe und ansprechendem Aroma, das man u.a. zu Eiscreme und Pudding verwenden kann.

Kakis und Kiwis, in Scheiben geschnitten, sind mit Ananas- oder Zitronensaft und wenig Zucker ein ansprechendes Dessert, das man mit Mandelsplittern etc. garnieren kann. Mit Bananen, Zitronensaft, Fruchtlikör und gemahlenen Cashew-Kernen gemischt, entsteht ein gut mundender Kaki-Salat.

Kaki in Portwein: Von reifen Kakis den Stielansatz entfernen, das Fruchtfleisch herausheben (evtl. mit einem Kugelausstecher kleine Bällchen formen), Fruchtfleisch in eine Glasschale geben und mit Portwein übergießen, kühl servieren.

2.16.2. Lotuspflaume

Weiterhin wird von der Gattung *Diospyros* die Lotuspflaume *(Diospyros lotus)* in Asien kultiviert. Sie ist wesentlich kleiner als die Kaki und ähnelt infolge ihres glänzend schwarz-blauen Aussehens etwas einer schwarzen Kirsche. Ihr Gesamtcarotinoid-Gehalt entspricht etwa der Kaki. Wegen ihres hohen Tannin-Gehaltes sollte sie vor dem Verzehr mit heißem Wasser behandelt werden. Aus ihr wird auch Obstessig hergestellt.

2.17. Mangostane und Mammey-Apfel

Die *Mangostane (Garcinia mangostana;* Fam.: *Guttiferae),* in ihrer Heimat Manggis genannt, ist im tropischen Indien bis Indonesien verbreitet. Die bis 15 m hohen immergrünen Bäume finden vor allem in Malaysia ein ihnen zusagendes Klima.

Die sehr geschätzte Frucht, botanisch eine Beere, ist von kugelförmiger Gestalt und Beschaffenheit ähnlich einer Orange. Die Früchte haben einen Durchmesser von etwa 7 cm und eine dicke leder-artige rotbraune Außenschale (Rinde), auf die 40–50% des Fruchtgewichts entfallen. Am Stielansatz tragen sie einen wulstigen Blattkranz und am Blütenende eingetrocknete Kelchblätter. Das helle weiße Fruchtfleisch ist in 4–7 Segmente wie eine Citrusfrucht unterteilt. Jedes Segment kann bis zu drei etwa 2 cm lange Samen enthalten, aber auch kernlos sein.

Geschmack und Aroma des saftigen Fruchtfleisches (Arillus) haben der Frucht in ihrer Heimat den Ruf einer „Königin der Früchte" eingebracht. Der süß-säuerliche und aromatische Geschmack des Fruchtfleisches, das allein verzehrt wird, soll an Pfirsich und Ananas, nach anderen Angaben an Erdbeere und Traube erinnern.

Mangostane hat ein einzigartiges, köstliches *Aroma.* Es ist allerdings sehr flüchtig. Wichtig für das Aroma dürften Hexylacetat (7,9%) und (Z)-3-Hexenylacetat (1,4%), die beide einen Geruch nach Mangostane aufweisen, und aufgrund der Konzentration (Z)-3-Hexen-1-ol (27,3%) sein. Weiterhin spielen mengenmäßig Octan (14,8%), Aceton (5,7%), 1-Hexanol (4,4%), Furfural (4,9%) und α-Copaen (7,3%) eine Rolle, wobei sich die Prozentzahlen auf die Gesamtmenge der Aromastoffe beziehen.

Die rotbraune Farbe der dicken Außenschale beruht auf *Anthocyaninen*. Hierbei stellt Cyanidin-3-sophorosid die Hauptverbindung und Cyanidin-3-glucosid eine Nebenverbindung dar.

Die Frucht (Zusammensetzung s. Tabelle 1) wird im wesentlichen frisch gegessen. Man soll sie den ganzen Tag über zu jedem Gericht verzehren können. Wie Kiwi-Scheiben eignen sich die einzelnen Frucht-Segmente zur Dekoration von Süßspeisen und Fleischgerichten. Zu Getränken eignet sich die Frucht indessen nicht.

Die feste Rinde, die vor allem Tannine enthält und bitter schmeckt, schützt die Frucht beim Transport ausgezeichnet. Dies hat aber auch einen wesentlichen Nachteil: Man sieht nicht, was im Innern vorgeht, ob sie etwa verdirbt. So kam der Export dieser köstlichen Frucht nach wenigen Jahren wieder zum Erliegen.

Außer der Mangostane ist eine Reihe weiterer eßbarer *Garcinia*-Früchte bekannt. Sie sollen nicht so gut schmecken und nur lokales Interesse besitzen.

Schließlich sei noch kurz der *Mammey-Apfel (Mammea americana)* erwähnt, Zusammensetzung Tabelle 1. Er stammt von immergrünen, bis 15 m hohen Bäumen Zentralamerikas. Die Qualität seiner ovalen Früchte reicht nicht an Mangostane heran. Bei einem Durchmesser von 10–15 cm haben sie eine dicke braune, etwas rauhe Schale und goldgelbes aromatisches Fleisch. Sie werden roh oder gekocht verzehrt oder zu Dauerwaren verarbeitet.

2.18. Sapodille und die verschiedenen Sapoten

Die tropische Familie der *Sapotaceae* bringt eine Reihe eßbarer Früchte hervor, von denen die Sapodille und die Sapote am bekanntesten sind. In der Literatur werden beide oft durcheinandergebracht, wie es auch die verschiedenen „Sapoten" gibt, die zum Teil ganz anderen Pflanzenfamilien angehören. Die Früchte stammen von immergrünen Bäumen, die Höhen von 8–30 m errreichen und weitgehend im tropischen Amerika beheimatet sind.

Alle Sapotaceen-Früchte sind im Fruchtaufbau recht ähnlich. Sie haben eine harte, rauhe Schale. Das Fruchtinnere ist von Latex-Gefäßen durchzogen, die nachteilig auf den Geschmack wirken (können). Das äußere Mesocarp enthält zum Teil Steinzellen. Sie geben der Frucht eine „sandige" Struktur; dies wird bisweilen beim Verzehr als störend empfunden. Im übrigen werden die Früchte von den Südamerikanern wegen ihres aromatischen, mehligen, konfitüreartigen Geschmacks sehr geschätzt. Vor

Abb. 10. Sapodille

dem Verzehr wird empfohlen, Sapotaceen-Früchte anzuritzen, damit der klebrige Latex aus dem Innern ausfließen kann.

Die Zusammensetzung der Früchte enthält Tabelle 1 und die der Aminosäuren von Sapodille Tabelle 4.

Sapodille (Manilkara zapota, Syn.: *Achras zapota)* wird in Indien „Sapote", in Indonesien „Sawo" und von den Indianern Mexicos „zapotl" oder „zapotle" genannt. Sie ist eine kugel- bis eiförmige Beerenfrucht von etwa 75–200 g. Die dünne rauhe Fruchtschale ist zimtfarben bis rotbraun, das Fruchtfleisch gelblich-braun bis rot und enthält 0 bis 12 harte, schwarze Samen. Das Aroma wird von indischen Fachleuten als angenehm mild und delikat und der Geschmack als excellent bezeichnet. Nach anderen Angaben schmecken die Früchte aufgrund ihres geringen Säuregehaltes für unsere Gaumen bisweilen aufdringlich süß, nach Mispeln, und wegen ihres Gehaltes an polyphenolischen Inhaltsstoffen zusammenziehend (adstringierend); letzteres besonders bei noch unreifen Früchten.

Die bis 10 m hohen immergrünen Bäume werden heute in Indien, Indonesien und dem tropischen Amerika, der Heimat der Kulturpflanze, auf Tausenden von Hektaren angebaut. Die Früchte werden baumreif geerntet und noch etwa 8-9 Tage aufbewahrt, bis sie ihre Genußreife erlangen. Bemerkenswert ist, daß die Sapodille weitgehend frei von Insektenbefall und Krankheiten ist.

Der *Vitamin-C-Gehalt* in indischen Sorten ist sehr gering und schwankt meist zwischen 0 und 10 mg/100 g. Mexikanische Selektionen enthalten dagegen 10-40 mg/100 g. Häufig enthält die Frucht geringe Mengen an Stärke (um 3%). Abweichend von den meisten Pflanzen weist sie Spuren an Lactose (Milchzucker) auf (um 0,03% des Gesamtzuckers). Die polyphenolischen Inhaltsstoffe bestehen aus *Proanthocyanidinen* (hauptsächlich des Cyanidin- und Delphinidin-Typs), Catechin, Epicatechin, Chlorogensäuren und Gallussäure-Verbindungen.

Die Frucht weist gegenüber vielen anderen Früchten einen sehr geringen Gehalt an Aromastoffen auf. Trotzdem wurden etwa 60 Verbindungen nachgewiesen, fast 40% des Gesamtgehaltes entfallen auf Benzalaldehyd und Methylbenzoat. Das Aroma könnte auf Methyl- und Ethylbenzoat, Methylsalicylat und Propiophenon beruhen.

Die Sapodille wird in der Regel frisch verzehrt; ihre Lager- und Transportfähigkeit ist gering. Ihre Konservierung ist bisher auf erhebliche Schwierigkeiten gestoßen, da ihr Aroma recht unbeständig zu sein scheint. Abschließend sei erwähnt, daß die Rinde der Bäume einen Milchsaft (Latex) führt, der zur Herstellung von Kaugummi verwendet wird. So werden die Bäume nicht nur wegen ihrer Früchte, sondern vor allem wegen des Latex kultiviert.

Sapote, besser *Mammey-Sapote* genannt *(Pouteria sapota;* Syn.: *Calocarpum sapota),* ist eine eiförmige, 8-15 cm lange und etwa 500-1000 g schwere Frucht Zentralamerikas. Ihre rauhe Schale ist rotbraun, das sehr süße, gewürzartige Fruchtfleisch rötlich-gelb. Es enthält gewöhnlich einen einzigen großen braunen Samenkern. Aufgrund der harten Schale läßt sich die Frucht transportieren. Die Frucht dient hauptsächlich dem Frischverzehr. Sie wird wie eine Avocado geteilt, der Kern entfernt und das Fruchtfleisch ausgelöffelt. Da sie kaum Säure besitzt und stark süß schmeckt, beträufelt man sie dazu am besten mit etwas Zitrone. Auch kann aus ihr Konfitüre hergestellt werden.

Eng verwandt ist die *Grüne Sapote (Calocarpum viride).* Sie soll geschmacklich die Mammey-Sapote übertreffen. Die unreif grüne und in reifem Zustande braune Frucht ist etwa 8-10 cm lang. Im rötlichen, sehr aromatisch schmeckenden Fruchtfleisch enthält sie 1-2 relativ kleine dunkelglänzende Samen. Mit der Kaki hat sie gemeinsam, daß sie unreif zusammenziehend (adstringierend) schmeckt. Mit der Reife verliert sich das; dann ist der Geschmack süß.

Weiterhin zählt zu den Sapotaceen der *Starapfel (Chrysophyllum caini-*

to) Zentralamerikas, grüne bis purpurrote glatte kugelförmige Früchte, bis 10 cm im Durchmesser, mit weißem süßen Fruchtfleisch und kleinen harten braunen Samen.

Dagegen haben die *Weiße Sapote (Casimiroa edulis)*, eine orangenähnliche Frucht Mittelamerikas, und die *Schwarze Sapote (Diospyros ebenaster)* nichts mit unseren Sapoten zu tun. Die erstere ist als *Rutaceae* (Rautengewächse) den Citrusfrüchten verwandt. Die letztere gehört zu den *Ebenaceae* und ist eine enge Verwandte der Kaki, die auch eine *Diospyros*-Species ist. Ihre etwa 10 cm großen Früchte bleiben bei der Reife grün; ihr süßsäuerliches Fruchtfleisch ist dunkelbraun gefärbt, daher der Name. Hartgrün geerntet, können die Früchte mehrere Monate bei 10 °C gelagert werden, reifen aber in 2 Tagen bei 30 °C aus. Ihr Aroma erinnert an süße Kakifrüchte, allerdings weist das Fruchtfleisch einen hohen Tannin-Gehalt auf.

2.19. Johannisbrot, Tamarinden und Tamarindenmus

Der bis 20 m hohe stattliche schmucke Tamarindenbaum *(Tamarindus indica)* ist in Indien, dem tropischen Afrika und in der Karibik verbreitet und gedeiht auch in den Subtropen. Wie der 12-15 m hohe Johannisbrot- oder Karobenbaum *(Ceratonia siliqua)* des Mittelmeergebietes, von dem allein in der Türkei etwa 1,65 Mio. Bäume stehen, gehört er zur Familie der *Caesalpiniaceae*. Beide Bäume liefern Produkte, die bei uns seit vielen Jahrzehnten bekannt, aber in letzter Zeit etwas in Vergessenheit geraten sind.

Johannisbrot besteht aus den an der Luft getrockneten, flachen, glatten, fleischigen Früchten von etwa 8-17 cm Länge und 1-2 cm Breite. Sie sind botanisch Hülsen, oft ein wenig gebogen, mit wulstig ausgebildeten Rändern. Die äußere, zähe und lederartige glänzend dunkelbraune Fruchtschale umschließt ein braunrotes Fruchtfleisch. Durch „falsche Scheidewände" ist die Frucht quer gekammert. Jede Kammer enthält einen dunkelbraunen, sehr harten, etwa 5 mm langen abgeflachten Samen. Johannisbrot riecht honigartig und schmeckt süß; früher wurde es gern von Kindern geknabbert.

Es enthält hauptsächlich Zucker, vor allem Saccharose, und sog. Ballaststoffe. Häufig wird das Fruchtfleisch geröstet, gemahlen und für Back- und Süßwaren, in der Schokoladenfabrikation oder zu Chips verwendet.

In der Vergangenheit wurde Johannisbrot als „Fructus Ceratoniae" als *Abführmittel* benutzt. So war es als Arzneimittel noch im Ergänzungsbuch zum Deutschen Arzneibuch 6. Ausgabe (1926) aufgeführt.

Tamarinden waren bereits den alten Ägyptern und Griechen wohl bekannt. Durch arabische Händler gelangte der Baum nach Asien. Vom arabischen „tamar-u'l-Hind" = Dattel Indiens stammt der Name. Heute beträgt die Produktion allein in Indien etwa 250 000 t jährlich. Die Früchte sind etwas gekrümmte, zimtbraune Hülsen von etwa 5–10 cm Länge und 2–3 cm Breite. Zwischen den Samen sind sie mehr oder weniger eingeschnürt. Schon beim einzelnen Baum schwankt die Länge der Früchte ganz erheblich (zwischen 3 und 18 cm). So enthalten sie 1–10 flache harte braune Samen von etwa 1 cm Länge. Sie sind eingebettet in ein sehr klebriges braunes saueres Fruchtfleisch (Tamarindenmus).

Tamarinden (Zusammensetzung Tabelle 1) können 14 und mehr % an Säure enthalten, die abweichend von den meisten Früchten hauptsächlich aus Weinsäure (wie in unseren Weintrauben) und in geringer Menge aus Äpfelsäure besteht. Der Gehalt an Ascorbinsäure (Vitamin C) ist mit 2–20 mg/100 g gering.

An flüchtigen Aromabestandteilen sind eine Reihe von Terpenen wie Limonen, Geraniol, Geranial und Safrol, mehrere Pyrazine, 2 niedere Alkylthiazole, Zimtaldehyd, Methylsalicylat und Ethylcinnamat nachgewiesen worden.

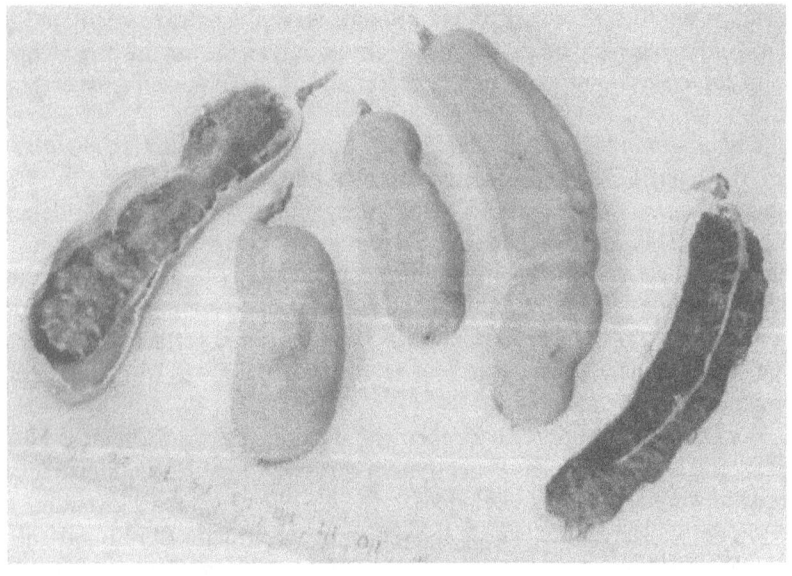

Abb. 11. Tamarinden

Das *Tamarindenmus* stellt einen wichtigen Bestandteil in so bekannten Produkten wie Worcestershire- und Barbecue-Soße dar. Bei der indonesischen Reistafel ist es als säuerliches Gewürz unter der Bezeichnung „Asam" fast unentbehrlich wie bei uns Essig oder Zitronensaft. Auch können Konfitüre, Gelee, Eiscreme und Sherbet aus Tamarindenmus hergestellt werden. Im tropischen Amerika findet man es in Erfrischungsgetränken. Bei uns gibt es neben Tamarindenmus auch Tamarindensaft und -sirup zu kaufen.

Tamarindenmus wird durch Zertrümmern der brüchigen Schale, Entfernung der Samen und Zusammenkneten des Muses als schwarzbraune, etwas zähe, weiche Masse gewonnen. Sie weist vereinzelt Samen und Bruchstücke der Schale auf. Hieraus wird gereinigtes Tamarindenmus bereitet, indem man das mit siedendem Wasser zu einem Brei angerührte rohe Mus durch ein Haarsieb gibt, bis zur Konsistenz eines dicken Extraktes eindampft und mit 20 Teilen gepulverten Zuckers vermischt. Dieses gereinigte Tamarindenmus war als *Pulpa Tamarindorum depurata,* zu deutsch gereinigtes Tamarindenmus, früher ein wesentliches mildes Abführmittel in Mitteleuropa, als man sich noch der Mittel der Natur bediente. Tamarindenmus soll seit der Zeit des Sanskrit als Abführmittel bekannt sein. In den meisten Pharmakopoeen (Arzneibüchern) unseres Jahrhunderts war oder ist es heute noch enthalten; so war es auch im Deutschen Arzneibuch 6. Ausgabe (1926) aufgeführt.

Die abführende Wirkung beruht auf dem hohen Fruchtsäuregehalt, wie von den Fruchtsäuren und deren Alkalisalzen allgemein eine abführende Wirkung bekannt ist. Sie wird von den kolloiden Stoffen der Früchte, z. B. Pektine, unterstützt.

2.20. Brotfrucht und Jackfrucht

Zu der Familie der *Moraceae* (Maulbeergewächse) zählen neben der uns bekannten Feige *(Ficus carica)* aus dem Mittelmeer-Gebiet und der Schwarzen Maulbeere *(Morus nigra),* die in Mitteleuropa wild wächst, zwei exotische Fruchtarten: die Brotfrucht *(Artocarpus altilis)* und die Jackfrucht *(Artocarpus heterophyllus).* Beide sind in ihren Anbaugebieten von beträchtlicher wirtschaftlicher Bedeutung für die Eingeborenen. Es sind ausgesprochen große Früchte hoher Bäume, die im Malayischen Archipel zuhause sind.

2.20.1. Brotfrucht

So ist die *Brotfrucht* ein meist kugeliger, warziger Fruchtverband von etwa 15-30 cm Durchmesser und 1-4 kg Gewicht. Ihre grüne Schale färbt sich bei der Reife gelbgrün bis grünbraun. Das Fruchtfleisch bildet dann eine teigige, gelbweiße Masse. Es ist oft samenlos oder enthält 2-3 große braune kastanienartige Samen.

Brotfrucht wird meist in noch unreifem Zustande geerntet. Sie besteht zu etwa 70% aus Fruchtfleisch (Pulpe), das in trockenem Zustande (etwa 2,5% Wassergehalt) ca. 70% Stärke, 4% Zucker, 4% Eiweiß, 1-2% Fett und 3% Asche enthält. Mit zunehmender Reife wird Stärke weiter zu Zucker abgebaut. Die Gehalte für wichtige Mineralstoffe und Vitamine wurden wie folgt angegeben: K=1630; Mg=80; P=90; Fe=1,9; Riboflavin=0,21; Niacin=2,39; Ascorbinsäure=23 mg/100 g trockene Pulpe, vgl. auch Tabelle 1.

Die Bedeutung der Brotfrucht ist hauptsächlich auf Polynesien beschränkt. Der penetrante Geruch des Fruchtfleisches soll Europäer meist abstoßen, doch gibt es auch gegenteilige Berichte. Nach Brücher *„wissen die Polynesier ihre Brotfrüchte in der vielseitigsten Weise zu nutzen; sie stellen daraus durch Eingraben in den Boden einen gegorenen ‚Käse' her; die noch unreifen Früchte werden getrocknet und in Scheiben auf heißen Steinen zu einer Art Dauerproviant gebacken; die Samen werden in verschiedener Weise gekocht oder geröstet. Der Rindenbast dient als Flecht- und Bindematerial, das Holz schließlich zum Bootsbau. Die ersten Europäer, die mit Polynesiern in Berührung kamen, waren vermutlich von den biskuitartigen Backprodukten derart beeindruckt, daß sie den Namen ‚Brotfruchtbaum' dafür erfanden".* Heute wird die Brotfrucht häufig unzerteilt gekocht oder im Ofen gebacken. In Scheiben geschnittene und in Fett gebackene Brotfrüchte erinnern geschmacklich an Gebäck. Ausgezeichnet sollen die Früchte schmecken, wenn sie in Zuckersirup braun und knusprig gebraten werden.

Bekannt wurde die Brotfrucht durch die „Meuterei auf der Bounty", heute Titel eines Buches und eines Films. Das Schff sollte 1789 tausend junge Brotfruchtbäume von Tahiti nach den Westindischen Inseln bringen, wo man Schwierigkeiten mit der Beköstigung und Haltung afrikanischer Sklaven hatte. Die zweite Seefahrt, diesmal mit der „Providence", verlief dann 1792/93 erfolgreich. Auch heute noch soll der Brotfruchtbaum in der Karibik eine Rolle spielen.

2.20.2. Jackfrucht

Die Heimat des bis 20 m hohen *Jackfrucht*-Baumes ist Vorderindien. Dort wird er von den Eingeborenen als „Jaca" geschätzt, sei es als rohes oder gekochtes Obst, sei es wegen der gerösteten Samen oder des Holzes für den Bootsbau. Mit fast 1 Meter Länge und oft 30 cm Durchmesser und einem Durchschnittsgewicht von 20–30 kg dürfte die Jackfrucht zu den größten Früchten aller Nutzpflanzen zählen. Sehr große Exemplare können bis 50 kg wiegen. Eine ähnliche Größe erreicht nur der Kürbis. Die in zahlreiche Segmente unterteilten Fruchtverbände variieren stark in Form, Größe und Geschmack. Sie wachsen an mit wenigen Blättern besetzten Kurztrieben direkt am Stamm, sind als stammbürtig wie die Kakaofrüchte. Bei der Reife wechselt ihre Schalenfarbe von grün auf gelbgrün bis braun.

Die Segmente bestehen aus sechseckigen, sackähnlichen Gebilden. Beim Rohverzehr werden sie vom Samen und der umschließenden Haut befreit. Ihr Fruchtfleisch ist weich, saftig und häufig sehr süß. Gekühlt schmeckt es besonders gut. Seinen Geschmack kann man mit Zitrone verfeinern.

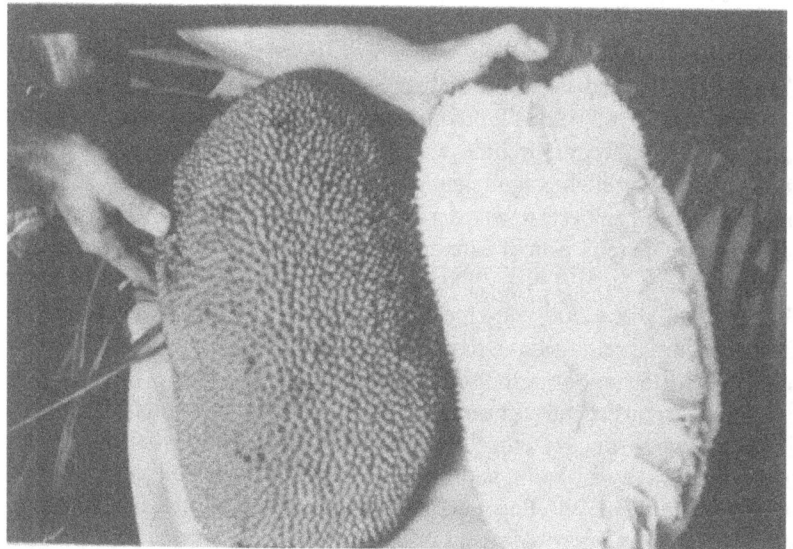

Abb. 12. Jackfrucht im Längsschnitt

Jackfrüchte (chemische Zusammensetzung Tabelle 1) haben einen hohen Zuckergehalt, sind aber arm an Vitaminen. Als *Aromastoffe* standen in Früchten aus Kuala Lumpur 1-Butanol (28%) und 2-Methyl-1-butanol (26,6%) im Vordergrund, während zahlenmäßig die Ester, vor allem Isovaleriansäureester wie Ethyl- (9,0%), Methyl- (8,9%) und Butylisovalerat (5,5%), überwogen (in Klammern Anteil am Gesamt-Aromastoff-Gemisch). – Auch in amerikanischen Früchten wurden weitgehend die gleichen Ester nachgewiesen.

Auf den europäischen Gaumen wirkt der strenge Geruch der Früchte oft abstoßend. In Indien und Sri Lanka hingegen werden die reifen Früchte roh oder als Kompott verzehrt, die unreifen stärkehaltigen gegart oder als Suppe gegessen oder zu Pickles verarbeitet. In Thailand wird auch Jackfruchtpudding angeboten. Jackfrüchte können zu Nektaren und anderen Erfrischungsgetränken, zu Konfitüre und zu Chutney verarbeitet werden. Auch dienen sie zu Eiscreme. Noch nicht vollreife, feste, in Stükke zerkleinerte Früchte kann man in Dosen konservieren, auch mit Mango. So gelangen z. B. Jackfrucht-Stückchen in Dosen von den Philippinen auf den deutschen Markt.

Die 2-3 cm großen Samen werden gekocht und geröstet und sollen auch Europäern wie geröstete Edelkastanien (Maronen) zusagen.

2.21. Durian

Durian *(Durio zibethinus;* Fam.: *Bombaceae)* wird als bis 20 m hoher Baum hauptsächlich in den südostasiatischen Ländern Malaysia, Indonesien, Thailand und Philippinen kultiviert. Er trägt große Früchte von 18-35 cm Länge und 15-25 cm Durchmesser. Die grüne bis gelbgrüne Schale ist mit zahlreichen harten hexagonalen gedrungenen spitz-stacheligen Epidermisausstülpungen besetzt, was der Frucht ein spezifisches stacheliges Aussehen gibt. Die reife Frucht kann mit der Hand in ihre 5 Teilfrüchte gebrochen werden. Jeder Teil enthält 2-3 Samen, etwa von der Größe einer Eßkastanie. Diese sind von einem weichen süßen cremefarbigen bis gelben Samenmantel (Arillus), dem eßbaren Teil der Frucht, umgeben. Samenlose Sorten sind durch Züchtung erhältlich.

Die Durian-Früchte (Zusammensetzung Tabelle 1) werden im ostasiatischen Raum von der eingeborenen Bevölkerung mit Hochgenuß verzehrt. Wer sie essen kann, soll sie allen anderen Früchten als Gourmet-Frucht vorziehen. Wir Europäer sollten allerdings berücksichtigen, daß ostasiatischer und europäischer Geschmack oft recht verschieden sind. So gibt es Europäer, die sie „Stinkfrucht" nennen. Damit sind wir bei ihrem

Abb. 13. Durian

ausgeprägten *Geruch,* der von der Schale ausgeht. Er ist offensichtlich bei den einzelnen Sorten sehr unterschiedlich und kann, braucht aber nicht, für Europäer penetrant zu sein. An Aromastoffen wurde neben Ethyl-α-methylbutyrat und geringen Mengen anderer bekannter Ester kurzkettiger Säuren mit Methanol und Ethanol eine Reihe von schwefelhaltigen Verbindungen wie Schwefelwasserstoff, Methanthiol, Ethanthiol, Propanthiol, Diethyldisulfid, Dimethylthioether, Diethylthioether nachgewiesen, daher der oft intensive strenge Geruch nach Zwiebel und Knoblauch. Ein unangenehmer Geruch soll auf Schwefelwasserstoff und Diethyldisulfid beruhen.

Durian-Fruchtfleisch wird meist frisch verzehrt. Es kann aber auch zu Speiseeis mit eigener Geschmacksnote verarbeitet werden. Weiterhin wird Durian-Paste in Thailand verzehrt. In Malaysia bereitet man „Tempojak" als Beilage zu Speisen zu, indem man das Fruchtfleisch in eine Salzlösung einlegt und mit verschiedenen Kräutern würzt. In Zuckerlösung eingelegtes Fruchtfleisch, das gebraten oder gekocht werden kann, ist als „Canpog" bekannt.

2.22. Kaktusfeigen

In Mittelamerika, z. B. Mexiko, liefert eine größere Zahl von Scheibenkakteen (Opuntien; Fam.: *Cactaceae*) eßbare, süßschmeckende Früchte, die als „Tunas" bezeichnet werden. Der deutsche Name ist „Kaktusfeige" oder auch „Kaktusbirne", der englische „prickly pear". Größere Bedeutung haben in der Welt die Früchte von *Opuntia ficus-indica* erlangt. In Mexiko werden beträchtliche Mengen kultiviert (über 12000 ha Anbau mit einem Ertrag von ca. 120000 t), in Ägypten werden jährlich 30000 t geerntet. Diese Opuntie kann 3–4 m Höhe erreichen. Ihre auf 20 cm verbreiterten Stengelglieder werden 30–40 cm lang und wirken als hervorragende Wasserspeicher.

Die samenreichen, mehr oder weniger noch stacheligen, oft unterschiedlich (gelbgrün, rosa bis rot) gefärbten Beerenfrüchte sind etwa hühnereigroß, haben eine relativ glatte Schale und ein helles saftiges süßes Fruchtfleisch. In ihm sind kleine schwarze Samen gleichmäßig angeordnet, die mit verzehrt werden. Zum Verzehr werden die halbierten Früchte ausgelöffelt (wegen der etwa vorhandenen Stacheln Vorsicht beim Anfassen!). Der Saft mehrerer Opuntien-Arten wurde früher zur Bereitung von *Hustensaft* verwendet. Auch kann er zu Wein vergoren werden.

Abb. 14. Kaktusfeige *(Opuntia ficus-indica)*. Stengelglied mit Früchten

Die Zusammensetzung und die der Aminosäuren sind in Tabelle 1 und 4 enthalten. Der Gehalt an reduzierenden *Zuckern* (Glucose und Fructose in gleichen Anteilen) wurde mit 9-14% angegeben; der an Saccharose variiert zwischen 0,1 und 1,0%. An *Farbstoffen* wurden die rotvioletten Betacyanine Betanin und Isobetanin, die aus roten Beeten bekannt sind, und als gelbes Betaxanthin das Indicaxanthin identifiziert. Die bisherigen Angaben über die Säuren sind widersprüchlich. In die Schweiz importierte Kaktusfeigen enthielten 25 (17-42) mg Vitamin C, 0,006 (0,005-0,009) mg Thiamin und 0,454 (0,355-0,583) mg Niacin/100 g eßbarer Anteil.

An flüchtigen *Aromastoffen* wurden gaschromatographisch etwa 150 Verbindungen nachgewiesen, von denen 61, die etwa 95% der Gesamtkonzentration ausmachen, identifiziert wurden. Im wesentlichen handelt es sich dabei mengenmäßig um Alkohole neben geringeren Mengen einer größeren Zahl von vor allem Ethyl-Estern und einigen Aldehyden.

2.23. Naranjilla, Baumtomate und Kapstachelbeere

Naranjilla, Baumtomate und Kapstachelbeere (Zusammensetzung Tabelle 1) gehören zur wichtigen Pflanzenfamilie der *Solanaceae* (Nachtschattengewächse). Sie hat uns so bedeutende Kulturpflanzen wie Kartoffel, Tomate, Paprika und Tabak und wichtige Arzneipflanzen wie Atropa, Datura, Hyoscyamus geschenkt.

2.23.1. Naranjilla und weitere Solanum-Früchte

Die Naranjilla *(Solanum quitoense),* auch Lulo oder Quito-Orange genannt, ist unserer Tomate verwandt und ähnlich. An der Ansatzstelle des Fruchtstiels ist sie abgeflacht, wo eine vom Stiel zurückgelassene Narbe sichtbar ist. Die quer aufgeschnittene Frucht erscheint geviertelt, wird etwa 3-5 cm hoch und erreicht einen Durchmesser von 4-6 cm. Ihre pergament-artige Schale ist von grünlichgelber bis kräftig orangeroter Farbe und von einem filzig dichten Haarkleid überzogen. Die sehr druckempfindliche Frucht enthält zahlreiche (bis 1200) kleine Samen in einem durchscheinenden, etwas schleimigen, sehr saftigen grünen Fruchtfleisch. Sie schmeckt süß-sauer und weist ein vorzügliches Aroma auf. Wegen ihrer entfernten Ähnlichkeit mit Apfelsinen erhielt sie den spanischen Namen „naranjilla" = kleine Orange.

Die Stammpflanzen sind etwa 2 m hohe Sträucher; ihre Heimat und bisheriges Hauptanbaugebiet ist Ecuador (Hauptstadt: Quito). Das Obst

Abb. 15. *Naranjilla*

hat seine begrenzte Verbreitung trotz industrieller Nutzung behalten, da es nur in kühleren Hochlagen des tropischen Südamerikas ertragreich gedeiht.

Die Lagerfähigkeit der Naranjilla ist begrenzt; sie wird relativ schnell weich und unterliegt leicht einer enzymatischen Bräunung. Ihre Konservierung ist ebenso wie die der Tomate bis heute nicht zufriedenstellend gelöst. So werden Naranjillas zu Mark (Püree) verarbeitet. Aus ihm können schmackhafte Nektare und Fruchtsaftgetränke bereitet werden; sie werden bereits in der Bundesrepublik gehandelt. In ihrer Heimat ist „jugo de naranjilla", ein grünlich-schaumiges Erfrischungsgetränk von feinem Duft, aus frischen Früchten nach Absieben der zahlreichen Samen hergestellt, sehr beliebt. Schließlich eignet sich die Frucht als Aromaträger für Cocktails und kann zu Sorbets verwendet werden.

Der Naranjilla eng verwandt ist der *Orinoco-Apfel* oder Tupiro *(Solanum topiro)*, dessen Heimat am oberen Amazonas und Orinoco liegt. Die Früchte erreichen einen Durchmesser von 7–9 cm, und ihr creme- bis gelbfarbenes Fruchtfleisch hat einen angenehm säuerlichen Geschmack. Wegen des reichen Fruchtertrages, des guten Aromas und der leichten Konservierbarkeit wird dem Orinoco-Apfel für die Konserven- und Fruchtsaftindustrie eine Zukunft vorausgesagt. Neben dem Frischverzehr wird das Fruchtfleisch zu Nektaren, Erfrischungsgetränken und alkoholhaltigen Mischgetränken verarbeitet und als Pulpe exportiert.

Darüber hinaus gibt es vor allem in Südamerika eine Reihe weiterer eßbarer Solanum-Früchte, z.B. die *Kachuma= Pepino (Solanum muricatum)*, mit länglich-runden (bis 10 cm), oben zugespitzten hellen Früchten.

2.23.2. Baumtomate

Baumtomaten, Tamarillo *(Cyphomandra betacea)* hängen als attraktive Beeren von 2–5 m hohen „Tomatenbäumen". Mit den Tomaten haben sie zwar die Familie gemeinsam, nicht aber die Gattung; so sind sie mit unseren Tomaten ferner verwandt als die Naranjilla, die schon zur Gattung Solanum zählt.

Die Früchte haben die Form und Größe eines Hühnereies, oval bis elliptisch, bis 9 cm lang. Ihre feste, dünne, glatte Schale ist gelb bis dunkelpurpur, oft bräunlich rot gefärbt. Wegen ihres etwas bitteren Geschmacks sollte sie vor dem Verzehr der Früchte abgezogen werden (nach kurzem Einlegen in heißes Wasser). Das gelbe bis orangerote saftige, süß-säuerliche Fruchtfleisch schmeckt nach Tomaten. Das Aroma wird von manchen als Guaven, von anderen als Tomaten ähnlich beschrieben. In das Fruchtfleisch sind zahlreiche kleine bitter schmeckende Samen eingebettet.

Die Farbe des Fruchtfleisches beruht auf Carotinoiden. So wurden in brasilianischen Früchten $7,9 \pm 3,6$ mg β-Carotin, $13,9 \pm 4,2$ mg Kryptoxanthin – beide Provitamin A wirksam –, $1,7 \pm 1,1$ mg Lutein, $0,6 \pm 0,6$ mg Zeaxanthin und $0,3 \pm 0,1$ mg 5,6-Monoepoxy-β-carotin/kg aufgefunden. Die Carotinoide der Schale sind ähnlich zusammengesetzt. Schale und Samen enthalten weiterhin Anthocyanine und zwar Pelargonidin-3-glucosylglucosid und nur in den Samen Päonidin- und Malvidin-3-glucosylglucosid. – Der Säuregehalt besteht zu etwa 90% aus Citronensäure, während der Äpfelsäuregehalt gering ist.

Baumtomaten geben einen ständig hohen Ertrag. Ihr Anbaugebiet erstreckt sich über 1000 km längs der Anden in der subtropischen Klimazone Südamerikas. Sie verbreiten sich unaufhörlich über alle tropischen Gebirgstäler. Für Neuseeland spielen sie mit mehreren Tausend Tonnen Ertrag schon eine beträchtliche Rolle.

Baumtomaten zeigen eine nur relativ geringe Haltbarkeit. Die geschälten zerkleinerten Früchte kann man zu Obstsalat, z.B. mit Bananen, oder auch zu Geflügelsalat geben. Man kann sie roh als pikante Beilage zu Käse servieren oder zur Garnierung kalter Platten oder zu Desserts verwenden, wobei Zugabe von etwas Zitronensaft das Aroma steigert. Fruchthälften kann man 15 min. backen oder auch Stücke schmoren. Baumtomaten eignen sich zur Konservierung in Dose oder Glas, für Nektare und mit Zitrone zur Herstellung von Konfitüren. Mit Zwiebeln und Äpfeln kann man sie zu Chutneys verarbeiten.

2.23.3. *Kapstachelbeere und Mil-Tomate*

Die *Kapstachelbeere* (Eßbare Judaskirsche, Pohe: *Physalis peruviana*), die nichts gemein mit unserer Stachelbeere hat, zählt zu den „Blasen- oder Erdkirschen". Sie ist damit unserer Lampionblume verwandt, die mit ihren leuchtend roten Kelchen als Dauerschmuck dient. Ein etwa 5 cm langer gelber, blasiger, deutlich längsgerippter, trockener Fruchtkelch umgibt die viel kleinere kugelige Frucht (18–20 mm) nur lose. Die Frucht weist eine sattgelbe, dünne, glatte Schale und zahlreiche kleine, weißliche Samen in einem weichen, durchscheinenden Fruchtfleisch auf. Der Geschmack ist recht sauer, das Aroma wird gelobt. Ihre Domestikation erfolgte in Südafrika, wohin sie vor etwa 200 Jahren durch Seefahrer gelangte und wo heute ihr Anbau bedeutungsvoll geworden ist. Die Heimat der reichtragenden Büsche ist Peru und Bolivien.

Nach Entfernung des Kelches kann die Frucht zu Kompott, Konfitüre oder Gelee verarbeitet werden. Sie eignet sich aber auch zu Eis-Speisen wie Eistörtchen, Eisbecher und zu Gebäck.

In Mexico wird ein enger Verwandter, die *Mil-Tomate, Tomatillo* oder *mexikanische Erdkirsche (Physalis ixocarpa)* angebaut und meist gekocht verzehrt. Die Beere ist kugelig, 3–5 cm im Durchmesser, blauviolett und etwas klebrig. Der kahle Fruchtkelch umgibt die Frucht wie eine papierene Hülle. Sie schmeckt süßer als eine Tomate; ihr Aroma wird gelegentlich mit dem unserer Stachelbeere verglichen.

2.24. Beeren der Rubus- und Vaccinium-Arten

Bei den deutschen Obstarten unterscheiden wir Kern-, Stein- und Beerenobst. Als Beerenobst verstehen wir Erdbeeren, Himbeeren, Brombeeren, Johannisbeeren, Stachelbeeren, Heidelbeeren und Preiselbeeren, also stets relativ kleine Früchte. Dabei stören wir uns nicht daran, daß Erdbeeren, Himbeeren und Brombeeren botanisch gar keine Beeren sind, während wir andererseits wesentlich größere Beerenfrüchte nicht zu den Beeren zählen. Da alle bisher behandelten tropischen und subtropischen Früchte mindestens die Größe einer Kirsche hatten oder zumindest einer Kirsche ähnlich waren, wollen wir hier alle kleinen weichen Früchte abhandeln, die in ihrer Heimat auch als „Beeren" bezeichnet werden und zwar Rubus-Arten und Vaccinium-Arten. (Wegen der chinesischen Stachelbeere (Kiwi) siehe S. 23, der Maulbeeren S. 59.)

2.24.1. Rubus-Arten

Von der Gattung *Rubus* (Fam. *Rosaceae,* Rosengewächse) sind uns die rote Himbeere *(Rubus idaeus)* und die schwarze Brombeere *(Rubus fruticosus)* vertraut.

In Amerika ist bei den roten *Himbeeren Rubus strigosus* weitgehend an die Stelle von *Rubus idaeus* getreten; auch gibt es die amerikanische rote Himbeere in einer gelben Spielart. Schließlich sind in USA auch eine schwarze Himbeere *(Rubus occidentalis)* und eine Purpur-Himbeere *(Rubus neglectus)* bekannt. Letztere ist eine Hybride (Kreuzung) aus roter und schwarzer Himbeere, eignet sich gut zur Verarbeitung und soll z. B. in Eiscreme ausgezeichnet schmecken.

Auch werden neben Brombeeren in USA Boysenbeeren, Loganbeeren, Youngbeeren und Dewbeeren angebaut; letztere entsprechen weitgehend schwarzen Brombeeren.

Boysenbeeren haben ihren Namen nach einem californischen Züchter, dem vor 60 Jahren diese Kreuzung von Brombeeren mit Himbeeren und Loganbeeren gelang. Sie sind größer (3 cm) und robuster als die Früchte der drei Arten, deren Hybride sie sind. Von purpurschwarzer Farbe und ansprechendem ausgeprägten Geschmack enthalten sie nur wenige größere Samen, ein weiterer Vorzug gegenüber den meisten anderen Beerenarten. Soweit sie nicht frisch verzehrt werden, sind die Früchte wie die Himbeeren am besten durch Tiefgefrieren haltbar zu machen. In dieser Form wurden sie in USA für Obstkuchen und Obsttorten verwendet. Auch kann man aus Boysenbeeren Kompott, Konfitüre, Sirup, Fruchtnektar und Obstwein herstellen oder die Früchte zu Yoghurt und Eiscreme verwenden.

Loganbeeren (Rubus loganobaccus) werden oft als eine Kreuzung von Brombeeren und Himbeeren bezeichnet, doch soll es sich bei ihnen eher um eine rotfrüchtige Abart der Brombeeren handeln. Die Früchte sind purpurrot, länglich und schmecken säuerlich. Sie werden seltener roh gegessen, sondern meist konserviert oder zu Konfitüre verarbeitet.

Youngbeeren, eine Kreuzung zwischen Brombeeren und Himbeeren, tauchen neuerdings auch in deutschen Gärtnerei-Katalogen auf. Die Frucht ist größer als Himbeere und Brombeere, das Fruchtfleisch tiefdunkelrot bis schwarz, der Geschmack fein süßsäuerlich und das Aroma ansprechend. Sie hat nur wenige größere Samen.

Die Zusammensetzung der Beeren ist in Tabelle 1 angegeben. In Himbeeren, Loganbeeren und Boysenbeeren ist Zitronensäure die Hauptsäure, gefolgt von Äpfelsäure.

Pigmente der roten bis schwarzen Beeren der Rubus-Arten sind Anthocyanine. So wurden in Boysenbeeren Cyanidin-3-glucosid und -3-sophorosid als Hauptpigmente identifiziert; daneben kommen Cyanidin-3-rutinosid und -3-rutinosido-5-glucosid in geringer Konzentration vor. In schwarzen Himbeeren wurden Cyanidin-3-glucosid, -3-rutinosid, -3-xyloglucosid und 3-xylorutinosid aufgefunden. Auch Loganbeeren enthalten Cyanidinglykoside.

2.24.2. *Vaccinium-Arten*

Zur Gattung *Vaccinium* (Fam.: *Ericaceae*) zählen in der Welt annähernd 200 Arten, von denen nur vier auf dem europäischen Kontinent zu finden sind:

Waldheidelbeere *(Vaccinium myrtillus)*,
Preiselbeere *(Vaccinium vitis-idaea)*,
Moosbeere *(Vaccinium oxycoccus)* und
Moorbeere *(Vaccinium uliginosum)*.

Neben den beiden ersteren werden Moosbeeren in örtlich bescheidenem Umfange gesammelt.
Auf dem amerikanischen Kontinent kommen über 50 *Vaccinium*-Arten wild vor. Anbau-Bedeutung haben

Kulturheidelbeere (*Vaccinium corymbosum;* engl. highbush blueberry),
Kaninchenauge-Blaubeere (*Vaccinium ashei;* engl. rabbiteye blueberry),
Kulturpreiselbeere (*Vaccinium macrocarpon,* engl.: cranberry)

erlangt. Wegen der Zusammensetzung siehe Tabelle 1. Daneben gibt es in Nordamerika verschiedene niedrige wildwachsende Blaubeeren-Arten wie *Vaccinium angustifolium,* die unserer Waldheidelbeere in etwa entsprechen. Schließlich sei darauf hingewiesen, daß die engl. Bezeichnungen „bilberry" und „whortleberry" für verschiedene Arten verwendet werden.
Der Anbau der Kulturheidelbeeren und Kulturpreiselbeeren erfolgt zunehmend auch in Europa und in Deutschland, so daß beide Obstarten jetzt schon häufiger in den Obstgeschäften anzutreffen sind. Dabei hat die züchterische Bearbeitung in USA erst nach 1900 eingesetzt!
Kulturheidelbeeren, die ebenfalls auf Moorböden gedeihen, bilden wie unsere Waldheidelbeeren ausdauernde Sträucher, die mit bis zu 3 m Höhe erheblich größer werden. Auch die Beeren, die hier in Trauben auftreten,

sind etwa doppelt so groß wie unsere Waldheidelbeeren. Ihr Geschmack entspricht diesen weitgehend. Ihr Vorteil liegt darin, daß hauptsächlich die Fruchtschale blaue Anthocyanine enthält, während das Beeren-Innere weitgehend farbstoff-frei ist. An Anthocyaninen wurden die 3-Arabinoside und 3-Galactoside, in geringer Menge die 3-Glucoside der Anthocyanidine Delphinidin, Petunidin, Malvidin, Päonidin und Cyanidin nachgewiesen. Neben diesen blauen Farbstoffen wurden wie in anderen Vaccinium-Arten Procyanidine aufgefunden. Als hauptsächliche Säure ist Zitronensäure neben geringen Mengen an Äpfel- und Chinasäure enthalten. Die flüchtigen Aromastoffe bestehen aus einer größeren Zahl von Terpenalkoholen und -aldehyden sowie aliphatischen und aromatischen Alkoholen. Als typisch für das Aroma wurden Myristicin, Citronellol, Hydroxycitronellol, Farnesol und Farnesylacetat bezeichnet.

Die Früchte der *Vaccinium ashei* werden in USA „rabbiteye blueberries" = *Kaninchenauge-Blaubeeren* genannt, weil zu Beginn der Reife die rötliche Farbe einem Kaninchenauge ähnelt. Die Büsche werden etwa 3 m hoch und vor allem in Florida, wo die Hochbusch-Blaubeere nicht gedeiht, in Nord Carolina und Georgia, also im Süden und Südosten der USA, angebaut. Die Früchte sind stärker farbig und haben größere Samen und ein weniger feines Aroma als die Früchte der wilden niedrigen und der kultivierten Hochbusch-Blaubeeren. Es wurden 51 Aromastoffe identifiziert, wobei Linalool, (E)-2-Hexenal, (E)-2-Hexen-1-ol, (Z)-3-Hexen-1-ol und Geraniol zum typischen Aroma beitragen.

Kulturpreiselbeeren bilden kleine Halbsträucher, die aus kriechenden, am Boden rankenden und verholzten Trieben bestehen. Es sind sehr langlebige Pflanzen, die 100 Jahre und älter werden und jährlich Früchte tragen. Sie werden bei uns meist unter der Bezeichnung „cranberry" verkauft. Es sind etwa 1-1,5 cm lange eiförmige bis runde feste glatte Beeren von unterschiedlich hell- bis mittelroter Farbe.

An organischen *Säuren* wurden ähnliche Konzentrationen an Zitronensäure, Äpfelsäure und Chinasäure gefunden. Auch kommt Benzoesäure vor. Als flüchtige *Aromastoffe* wurden im Saft der Kulturpreiselbeeren 7 Terpene, 11 Alkohole, 8 Aldehyde und 6 Ester nachgewiesen, die den Hauptteil des Aroma-Komplexes umfassen. Benzaldehyd, Benzylalkohol und Benzoesäureester sowie die Terpene wurden als die wichtigsten Aromastoffe angesehen. Andere Untersucher konnten 89 Verbindungen identifizieren, darunter 19 aliphatische Alkohole, 20 aliphatische Aldehyde und Ketone, 19 Terpen-Derivate, 19 aromatische Verbindungen und 12 andere Stoffe. In Konzentraionen von 1% und mehr der flüchtigen Stoffe kamen vor: α-Terpineol (23,7%), Benzylalkohol (9,0%), 1-Octadecen (6,1%), 1-Octanol (1,2%), 2-Pentanol (1,0%), 2-Methyl-3-buten-2-ol (1,6%),

2-Phenylethanol (1,4%), Nonanal (1,0%), Benzaldehyd (1,1%), Benzylbenzoat (1,2%), Pimaradien (1,0%), (-)-Kauren (1,1%). An *Anthocyaninen* wurden die 3-Glucoside, 3-Galactoside und 3-Arabinoside des Cyanidins und Paeonidins nachgewiesen. Weiterhin sind an phenolischen Inhaltsstoffen u. a. Glucosederivate der Zimtsäure, Ferulasäure, Kaffeesäure, Hydroxyzimtsäure und Gentisinsäure bekannt geworden. *Carotinoide* sind in der Größenordnung von 0,6 mg/100 g enthalten. Hauptbestandteile sind Lutein (30%), Violaxanthin (20%), Lutein-5,6-epoxid (10%) und Neoxanthin (7%); auf β-Carotin entfallen nur 5% der Gesamtcarotinoide.

Verwendung

War die *Kulturpreiselbeere* ursprünglich in USA nur eine Saison-Frucht, die zum Erntedanktag und zu Weihnachten als Beilage zu dem traditionellen Putenbraten verwendet wurde, so ist sie heute zu einer überall erhältlichen und viel begehrten Ganzjahresfrucht geworden. Man schätzt sie nicht nur als Beilage zu Geflügel- und Wildbraten und anderen Fleischgerichten, sondern auch als Frischfrucht. Oder man verarbeitet sie zu Kompott, Konfitüre, Gelee, Suppen, Pudding und Eiscreme. Am verbreitetsten jedoch ist der Fruchtnektar, der allein oder im Gemisch mit Apfel-, Trauben-, Aprikosen- oder Pflaumensaft getrunken wird. Bekannt ist auch die „Cranberry Sauce".

Wie die Kulturpreiselbeeren eignen sich die *Kulturheidelbeeren* vorzüglich zum Tiefgefrieren und zu Fruchtnektar, soweit man nicht den Frischverzehr vorzieht. Auch ist Heidelbeerwein wohl bekannt.

2.25. Weitere exotische Früchte

Die *Acerola* [*Malpighia emarginata* (früher als *M. punicifolia* oder *M. glabra* angegeben) Fam.: *Malpighiaceae*], auch Westindische oder Barbadoskirsche genannt, ist eine kleine, kirschenartige, bis etwa 2 cm große glänzende rote Steinfrucht von 2-10 g Gewicht. Die Stammpflanze wird in ganz Mittelamerika als 3-5 m hoher buschiger Baum kultiviert. Die Frucht schmeckt süß-sauer und weist in reifen Früchten mit etwa 1000 mg/100 g einen sehr hohen Vitamin-C-Gehalt auf. In noch nicht vollreifen Früchten kann der Ascorbinsäure-Gehalt bis über 2000 mg/100 g betragen.

Die Zusammensetzung enthält Tabelle 1. Der Gesamtzuckergehalt besteht aus Glucose und Fructose mit Spuren Saccharose. An Säuren ist vor allem Äpfelsäure neben Spuren Zitronensäure enthalten. Der Saft von 6 Proben wies 4,6-7,2% Extrakt, einen pH-Wert von 3,1-3,3, 3,0-5,4% reduz. Zucker und 0,7-1,5% Ascorbinsäure auf. 6 andere Proben (Pulpe und Schale) aus Florida enthielten 860-1135 (Mittelwert: 959) mg Ascorbinsäure/100 g. Der Gehalt an Thiamin betrug 0,024 (0,012-0,033) mg/100 g, der an Riboflavin 0,073 (0,062-0,090) und der an Niacin 0,48 (0,47-0,49) mg/100 ml. Aus einer Reihe von Arbeiten ergibt sich ein durchschnittlicher Carotin-Gehalt von 0,4-0,6 mg/100 g.

Die frischen reifen Früchte sind wenig haltbar und daher nicht zur Ausfuhr geeignet. Sie werden im Erzeugerland zu Fruchtsaftkonzentraten, aber auch zu Konfitüren und Gelees verarbeitet. In den Importändern werden die Konzentrate zur Vitamin C-Anreicherung von Erfrischungsgetränken und anderen Lebensmitteln verwendet. Auch kann man Fruchtpulver aus Acerolas gewinnen. Acerola-Fruchtnektare müssen nach deutschem Recht mindestens 30% Fruchtsaft enthalten.

Akee (Blighia sapida; Fam.: *Sapindaceae)* ist eine etwa pflaumengroße Frucht mit glatter rot gefleckter Schale. Ihr Samenmantel (Arillus) ist von weicher Konsistenz und mildem Aroma. Die reifen Früchte des Akee-Baumes, die von selbst aufbrechen, enthalten drei große dunkle Samen. Die Obstart wird in Westafrika und im karibischen Raume angebaut. In unreifem Zustande ist der Samenmantel giftig!

Beli oder *Baelfrucht (Aegle marmelos;* Fam.: *Rutaceae)* ist eine tropische Baumfrucht Indiens, die vor allem in Sri Lanka angebaut wird. Die kugelförmig-runde Frucht von 5-15 cm Durchmesser weist eine harte, glatte, braungrüne bis graugelbe, aromatische Schale und ein süßes, weicheres orangefarbenes Fruchtfleisch auf. Das Aroma wird als angenehm blumig und erfrischend bezeichnet. Es beruht hauptsächlich auf Terpenalkoholen wie Linalooloxid und Linalool sowie auf β-Ionon. Weiterhin wurde eine große Zahl an Alkoholen und Estern identifiziert.

Die harte Schale und die zahlreichen Samen erschweren den Frischverzehr. Die Pulpe eignet sich u. a. für Milchmischgetränke, Speiseeis und Nektare.

Carissa oder *Natal-Pflaume (Carissa macrocarpa;* Fam.: *Apocynaceae)* ist als großer Busch in Südafrika (Natal) beheimatet. Die Früchte sind kugelrund bis eiförmig und variieren in Form und Größe. Eine mittelgroße Frucht ist etwa 4 cm lang mit einem Durchmesser von 2,5 cm. Ihre dünne Fruchtschale ist leuchtend karmesinrot, bisweilen mit dunkelroten Streifen, das Fruchtfleisch tiefrot oder karmesinrot mit weißen Sprenkeln und enthält gegen 12 kleine braune flache Samen. Die Carissa hat ein mildes, leicht scharfes Aroma und schmeckt bisweilen etwas adstringierend. Aus ihr kann ein gutes Gelee gekocht werden. Carissa-Früchte (Zusammensetzung Tabelle 1) enthalten einen weißen harmlosen Milchsaft (Latex), der nicht in das Auge gelangen sollte!

74 Obst

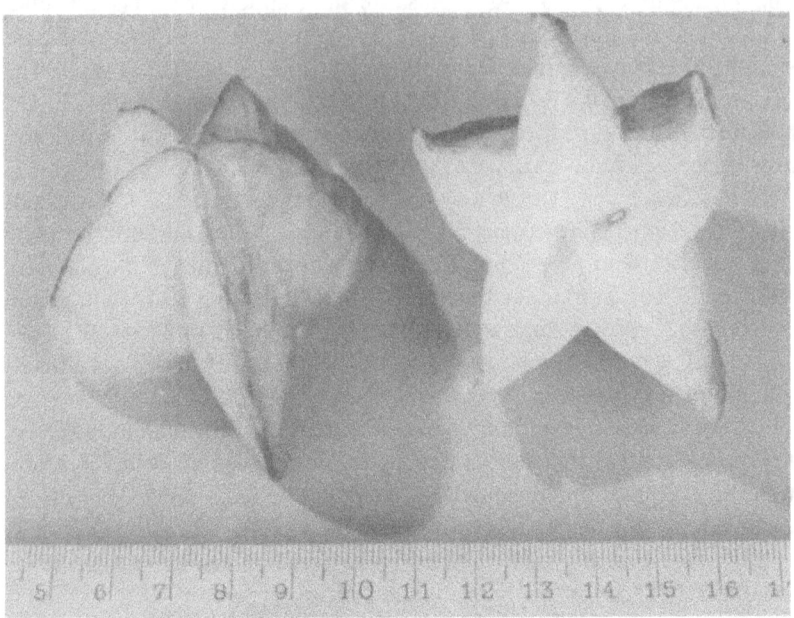

Abb. 16. Karambole

Die (Chinesische) *Jujube (Ziziphus jujuba;* Fam.: *Rhamnaceae),* auch Ber oder Bor genannt, stammt von einem winterfesten bis 20 m hohen Baum Chinas. Er trägt Früchte von der Form und Größe der Hauspflaume mit einem zylindrischen Samen im Innern, Zusammensetzung Tabelle 1. Das Fruchtfleisch ist mehlig, etwas süß, aber nicht sehr schmackhaft. In getrocknetem Zustand wird die Jujube als „chinesische Dattel" bezeichnet und schmeckt dann recht gut, jedoch nicht so süß wie eine Dattel, aber aromatischer. Mit der Dattelpalme besteht keine Verwandtschaft.

Die Jujube sollte nicht mit der *Indischen Jujube (Ziziphus mauritiana)* verwechselt werden, die im tropischen Afrika und Asien verbreitet ist. Die meist pflaumenförmigen Früchte mit einem harten Steinkern sind je nach Sorte grün bis goldgelb oder auch braun gefärbt und wiegen etwa 10-20 g. Das Fruchtfleisch ist oft weiß und saftig und schmeckt häufig sehr süß. Wie die Früchte anderer *Ziziphus*-Arten werden auch sie in Indien als „Ber" bezeichnet. Die Frucht wird entweder frisch oder getrocknet verzehrt. - In einer größeren Zahl von Stämmen wurden Gehalte an Gesamtzucker mit etwa 9-12%, an reduzierenden Zuckern mit etwa 3-7%, an Acidität mit 0,1-0,3%, gelegentlich bis 0,95%, und an Vitamin C mit etwa 40-80 mg/100 g angegeben.

Karambole, auch als Sternfrucht bezeichnet *(Averrhoa carambola;* Fam.: *Oxalidaceae* = Sauerkleegewächse, zum Teil als eigene Familie *Averrhoaceae* aufgefaßt), stammt von einem ansehnlichen bis 10 m hohen Baum, der wild in Indonesien vorkommt und heute über die Tropen und Subtropen verbreitet ist. Die Frucht ist eine hell- bis goldgelbe, fleischige, längliche, spitz zulaufende Beerenfrucht, 8-12 cm lang und 3-6 cm dick, mit fünf scharfkantigen Längsrippen. Das gelb durchscheinende saftige Fleisch bildet quergeschnitten einen fünfeckigen Stern (daher der Name Sternfrucht) und enthält bis 1 cm lange hellbraune Samen. Meist weist es einen aromatisch-säuerlichen Geschmack auf. Karambole gehört zu den wenigen Obstarten mit einem höheren *Oxalsäure*-Gehalt. Je nach Züchtung kann er sehr unterschiedlich sein (0,08-0,73 g/100 g). Die Zusammensetzung ist in den Tabellen 1 und 4 angegeben. - Die Farbe gelber Früchte beruht auf Carotinoiden, im wesentlichen β-Kryptoflavin (34%), ξ-Carotin (25%), Phytofluen (17%) und Mutatoxanthin (14%). Als flüchtige Aromastoffe wurden hauptsächlich Ester wie Methylanthranilat (21,2%), Ethylsorbat (14,5%), Phenylethylacetat (4,6%) sowie eine Reihe von Alkoholen wie 6-Methyl-5-hepten-2-ol (5,0%) und Phenylethylalkohol (3,4%), Ketonen wie 6-Methyl-5-hepten-2-on (5,3%) und Terpenen wie Limonen (5,4%) und Borneol (3,2%) angegeben (in Klammern %-Anteil am Gesamt-Aromastoff-Gemisch). In anderen Untersuchungen wurden zum Teil erheblich andere Aromastoffe gefunden, wobei aber auch die Ester und hier besonders die Anthranilate im Vordergrund standen.

Die Früchte können zu Erfrischungsgetränken, Konserven und Konfitüren verarbeitet werden. Der Saft läßt sich auch für Bananen-Mischgetränke, die dadurch einen leicht säuerlichen Geschmack erhalten, und zu Sorbets verwenden. In Scheiben geschnittene Früchte sind wegen der Sternform als Dekoration in Fruchtsalaten, für Kuchen und Desserts oder in einem Glas Sekt gut geeignet. - Die Säure und das diskrete Aroma der Sternfrucht unterstreichen den Geschmack anderer Zutaten.

Langsat (Lansium domesticum, Fam.: *Meliaceae)* ist in Indien, Sri Lanka, Thailand (als „Lasa"), Indonesien (als „Duku") und auf den Philippinen (als „Lanzon") ein geschätztes Frischobst. Die eiförmige, fünfkammrige Frucht, Durchmesser etwa 3 cm, hängt in kleinen Trauben von den bis 20 m hohen Lansi-Bäumen. Das säuerliche und sehr saftige Fruchtfleisch eignet sich gut für Erfrischungsgetränke. In Zuckersirup konservierte Früchte schmecken ausgezeichnet.

Japanische Mispel (Eriobotrya japonica; Fam.: *Rosaceae),* auch Wollmispel oder Japanische Pflaume (engl. loquat) genannt, ist mit Apfel, Birne, Quitte und Mispel eng verwandt. Die ähnlich einer Birne aufgebaute Scheinfrucht eines in China und Japan, aber auch in Nord- und Südamerika und im Mittelmeerraum angebauten 7-8 m hohen immergrünen Baumes ist ei- bis birnenförmig, 4-6 cm lang, gelb bis orange, festschalig und meist wollig behaart. Sie birgt fünf weichhäutige Bälge, die vom fleischigen Blütenboden umhüllt sind und relativ große, braune, bohnenförmige Samen enthalten. Das cremefarbene Fruchtfleisch ist von angenehmer Säure, zugleich aber auch süß. Der Geschmack ist apfel- bis aprikosen-artig. In Japan werden jährlich etwa 15000 t produziert.

An *Zuckern* kommen hauptsächlich Fructose, Glucose und Saccharose in ähnlichen Mengen vor; zum Teil ist der Saccharosegehalt geringer. Der Säuregehalt besteht zu 80-90% aus Äpfelsäure, auch kommt Zitronensäure vor. Die Früchte enthalten als *Farbstoffe* hauptsächlich β-Carotin und Kryptoxanthin. Diese Provitamin A-wirksamen Stoffe machen etwa 70% des Carotinoid-Gehaltes aus. Weiterhin sind Carotinoid-5,6-epoxide enthalten, die bei der Konservierung in 5,8-Epoxide übergehen. Hauptaroma-Komponenten sind Phenylethylalkohol, 3-Hydroxy-2-butanon, Phenylacetaldehyd und Hexen-1-ole. - Wegen der Zusammensetzung siehe Tabelle 1.

Wegen der Empfindlichkeit und geringen Haltbarkeit der Früchte werden sie meist in den Anbauländern frisch verzehrt, wobei die gerbstoffhaltige zähe Schale abgezogen werden muß. Geschält und entkernt werden sie in Dosen konserviert und exportiert. Auch können sie zu Konfitüre oder Gelee verarbeitet werden.

Abschließend sei noch erwähnt, daß es in Japan - unseren heimischen Obstarten vergleichbar - zum Teil andere Arten gibt wie *Japanische Birnen (Pyrus serotina var. culta)* und die kleinfrüchtigen *Japanischen Aprikosen (Prunus mume)*. Aus letzteren werden häufig Pickles hergestellt, die unter Namen wie Umeboshi, Umezuke und Chomi-ume bekannt sind. Sie enthalten 10-20% Kochsalz.

Literatur

Askar, A., Abd el-Fadeel, M.G., el-Samahy, S.K.: Mango und Mangoprodukte. Flüssiges Obst *48*, 186-189 (1981)
von Barsewisch, G.: Exotische Früchte und Gemüse in unserer Küche. München: Mosaik-Verlag 1975
Brücher, H.: Tropische Nutzpflanzen. Ursprung, Evolution und Domestikation. Berlin - Heidelberg - New York: Springer 1977
Casimir, D.J., Kefford, J.F., Whitfield, F.B.: Technology and flavor chemistry of passion fruit juices and concentrates. Adv. Food Res. *27*, 243-295 (1981)

Engel, K.-H., Tressl, R.: Studies on the volatile components of two mango varieties. J. Agric. Food Chem. *31*, 796–801 (1983)

FAO: Production Yearbock *38* (1984)

Graham, H. D., de Bravo, E. N.: Composition of the breadfruit. J. Food Sci. *46*, 535–539 (1981)

Herrmann, K.: Übersicht über die chemische Zusammensetzung und die Inhaltsstoffe einer Reihe wichtiger exotischer Obstarten. Z. Lebenm. Unters. Forsch. *173*, 47–60 (1981)

Hulme, A. C.: The Biochemistry of Fruits and their Products, Vol. I, II. London – New York: Academic Press 1970/1

Kranz, B.: Exotische Früchte und Gemüse. München: Südwest-Verlag 1969

Liebster, G.: Cranberry, die Kulturpreiselbeere, eine für Deutschland neue Obstart. Erwerbs-Obstbau *13*, 29–32, 48–52 (1971)

Luh, B. S., Wang, Z.: Kiwifruit. Advanc. Food Res. *29*, 279–309 (1984)

Martin, F. W.: Handbook of tropical food crops. Boca Raton (Florida): CRC Press 1984

Nagy, S., Shaw, P. E.: Tropical and subtropical Fruits. Composition, Properties and Uses. Westport (USA): AVI Publ. 1980

Nagy, S., Shaw, P. E., Veldhuis, M. C.: Citrus Science and Technology, Vol. I, II. Westport (USA): AVI Publ. 1977

Ohler, J. G.: Cashew. Commun. 71 Dept. Agric. Res., Koninkl. Inst. voor de Tropen. Amsterdam 1979

Pantastico, E. B.: Postharvest Physiology, Handling and Utilization of tropical and subtropical Fruits and Vegetables, Westport (USA): AVI Publ. 1975

Paul, A. A., Southgate, D. A. T.: McCance and Widdowson's The Composition of Foods, 4. Aufl. London – Amsterdam – New York – Oxford: Elsevier Press 1978

Purseglove, J. W.: Tropical Crops: Dicotyledons. London: Longman 1976

Salunkhe, D. K., Desai, B. B.: Postharvest Biotechnology of Fruits, Vol. II. Boca Raton (Florida): CRC Press 1984

Souci, S. W., Fachmann, W., Kraut, H.: Die Zusammensetzung der Lebensmittel. Nährwert-Tabellen 1981/82, 2. Aufl. bearbeitet von Scherz, H., Kloos, G. Stuttgart: Wiss. Verlagsges. 1981

Watt, B. K., Merrill, A. L.: Composition of Foods, raw, processed, prepared. Agric. Handbook No. 8. Washington: US Dept. Agric. 1963

Wenkam, N. S., Miller, C. D.: Composition of Hawai fruits. Hawai Agric. Exper. Station Bull. No. 135 (1965)

Woodroof, J. G., Luh, B. S.: Commercial Fruit Processing. Westport (USA): AVI Publ. 1975

3. Nüsse

Unter Nüssen versteht der Botaniker trockene Schließfrüchte: Eine harte Fruchtwand (Pericarp) umgibt den Samen; mit Hilfe eines Trennungsgewebes fällt die Frucht bei der Reife als Ganzes ab. Übrigens sind nicht alle unsere „Nüsse" botanisch wirklich Nüsse; so sind Walnuß und Mandel Steinfrüchte (wie Kirsche und Pflaume) und ist die Erdnuß eine Hülsenfrucht wie Erbse und Bohne. Andererseits sind z. B. die störenden harten kleinen „Samen", die auf der Erdbeere sitzen, botanisch Nüsse, wegen ihrer Winzigkeit Nüßchen genannt. In der Weltproduktion spielen neben Cocos- und Erdnüssen nur Walnüsse, Haselnüsse, Edelkastanien, Mandeln und Kaschukerne eine Rolle. Bis auf Erd- und Haselnüsse sind es Baumnüsse.

3.1. Kaschukerne (Cashewkerne)

Innerhalb relativ kurzer Zeit sind Kaschunüsse (Cashewnüsse) zu einem bedeutenden Produkt des Welthandels geworden. Sie gehören heute zu den führenden Nüssen der Welt, sind recht preiswert und finden steigendes Interesse.

Die etwa 2,5 bis 3 cm langen etwas gekrümmten nierenförmigen Nüsse haben eine harte Schale und weisen einen ölhaltigen Samen von 1,5-3 g Gewicht mit einer rotbraunen Samenschale (Testa) auf. In den Erzeugerländern, vor allem in Indien, werden sie maschinell geschält und so die Samenschalen entfernt.

Der Handel mit diesen Kaschukernen ist recht bedeutend geworden. So betrug die Welternte an Kaschunüssen in den letzten Jahren über 400 000 t, die hauptsächlich auf Indien, Brasilien und Zentralafrika entfiel. Kaschukerne findet man in vielen deutschen Lebensmittelgeschäften als Knabberartikel; dabei waren sie vor nicht allzu langer Zeit bei uns noch unbekannt.

„Kaschunüsse" stellen unter den Baumfrüchten eine Besonderheit dar: Die Kaschubäume tragen „Kaschuäpfel", die keine Frucht, sondern

Tabelle 8. Baumnüsse und Haselnüsse

Name	botanischer Name	Hauptanbauländer	Gehalt an Eiweiß %	Fett %	Welternte 1984 1000 t (in Schale)
Butternüsse	*Juglans cinerea*	USA, Japan	24	61	
Kaschukerne	*Anacardium occidentale*	Indien, Kenia, Mozambik, Tansania, Brasilien	17	46	397
Edelkastanien (Maronen)	*Castanea*-Species	Italien, Portugal, Japan	7	4	601
Haselnüsse	*Corylus avellana* *Corylus americana*	Mitteleuropa, USA	13	62	435
Herznüsse (Heartnut)	*Juglans sieboldiana*	Japan, USA			
Hickorynüsse	*Carya*-Species	USA	13	69	
Macadamianüsse	*Macadamia integrifolia*	Hawaii, Australien	8	72	
Mandeln	*Prunus dulcis*	Italien, Iran, Spanien, Portugal, Marokko, USA	19	54	1117
Paranüsse (Brasilnüsse)	*Bertholletia excelsa*	Brasilien, Bolivien, Peru	14	67	
Pecan	*Carya illinoensis*	USA, Mexiko	9	71	
Pinien-Nüsse (Pignolien)	*Pinus*-Species	Südeuropa, Iran, USA	31	47	
Pistazien	*Pistacia vera*	Iran, Türkei, Indien, USA	19	54	128
Walnüsse	*Juglans regia*	USA, Frankreich, Italien, Indien, Türkei, Iran, Jugoslawien	15	64	794
Walnüsse, schwarze	*Juglans nigra*	USA	20	59	

Tabelle 9. Durchschnittliche Zusammensetzung der Baumnüsse

		Butter-nuß	Hickory-nuß	Kaschu-kern	Maca-damianuß	Pecan	Piniennüsse A	Piniennüsse B	Pista-zie	Walnuß, schwarz
Wasser	%	3,8	3,3	4,0	3,0	3,4	5,6	3,1	5,3	3,1
Kohlenhydrate	%	8	13	31	16	15	12	21	19	15
Rohprotein	%	24	13	17	8	9,2	31	13	19	20
Rohfett	%	61	69	46	72	71	47	61	54	59
Asche	%	2,9	2,0	2,9	1,7	1,6	4,3	2,9	2,7	2,3
Kalium	mg/100 g			550	265	600			970	460
Calcium	mg/100 g			31	48	73			130	
Magnesium	mg/100 g		160	265	161	142			158	190
Phospor	mg/100 g		360	375		290		600	500	570
Eisen	mg/100 g	6,8	2,4	2,8	2,0	2,4		5,2	7,3	6,0
β-Carotin	mg/100 g			0,06	0	0,08		0	0,14	0,18
Thiamin	mg/100 g			0,63	0,34	0,86	0,62	1,28	0,67	0,22
Riboflavin	mg/100 g			0,26	0,11	0,13		0,23	0,20	0,11
Niacin	mg/100 g			2,0	1,3	0,9		4,5	1,4	0,7
Vitamin C	mg/100 g				0	2		0		

A = Pignolien, *Pinus pinea*, B = Pinon, *Pinus cembroides* var. *edulis* eine Scheinfrucht und zwar den verdickten Fruchtstiel darstellen. Auf sie ist bereits unter „Obst" (S. 16) näher eingegangen worden.

Während im allgemeinen Früchte in ihrem Inneren einen oder mehrere bis viele Samen bergen, ist es bei Kaschu umgekehrt: Außen auf dem „Kaschuapfel" sitzt als Anhangsorgan die „Kaschunuß", die wiederum botanisch keine Nuß, sondern eine Steinfrucht ist. Ähnliches kennen wir von der Erdbeere; auch bei ihr sitzen die kleinen harten Nüßchen, oft als Samen bezeichnet, außen auf der Oberfläche der Scheinfrucht. In beiden Fällen ist eben die Frucht keine Frucht, sondern eine Scheinfrucht. Bei Kaschu ist es der verdickte Fruchtstiel, und damit ist die Welt wieder in Ordnung: auf dem Stiel („Kaschuapfel" genannt) sitzt die Frucht, hier die „Kaschunuß"!

Tabelle 10. Fettsäuren-Zusammensetzung der Fette von Nüssen in Prozent

		Hickory-nuß	Kaschu-kern	Macadamia-nuß	Pecan	Pistazie
Palmitinsäure	16:0		10	6	5-11	8-12
Palmitoleinsäure	16:1		0,5	16-25	0,4	
Stearinsäure	18:0		7-11	1,6	1	
Ölsäure	18:1	68	60-65	55-64	50-70	54-78
Linolsäure	18:2	17	7-20	1,3	20-40	13-36
Linolensäure	18:3		0,4		1	

Kaschukerne bestehen etwa zur Hälfte aus *Fett*. Ihre Fettsäuren-Zusammensetzung ist in Tabelle 10 angegeben.

Früher sollen Kaschukerne unter dem Namen „Elefantenläuse" als Sympathiemittel gegen schmerzendes Zahnen bei Kindern in der *Volksmedizin* verwendet worden sein, was aus heutiger Sicht bedenklich erscheint.

3.2. Pecan

Pecans (*Carya illinoensis*, Syn.: *Carya pecan*; Fam.: *Juglandaceae*) sind **die** Nüsse der USA (Produktion 1970/80 meist über 100000 t). Ihre Geschichte ist eng mit der der Indianer in den Südstaaten der USA verknüpft. Sie waren ein wichtiges Lebensmittel der Urbevölkerung. Ihre Haltbarkeit ermöglichte eine Vorratshaltung für Notzeiten; auch waren sie ein wohlfeiles Tauschmittel.

Pecans sind große stattliche Bäume. Sie werden bis 25 m hoch und haben weitausladende Kronen wie unsere Walnußbäume. Sie sind sehr langlebig. So gibt es alte Wild-Exemplare, die 1000 Jahre alt sind. Der planmäßige Anbau durch die weißen Farmer begann Ende des 18. Jahrhunderts. Manche Nußplantage wurde vor mehr als 100 Jahren gepflanzt. Heute werden Pecans in rd. 20 Staaten der USA (vor allem in Georgia und Texas) wie auch in Canada, Mexico, West- und Südafrika, Indien, Australien und Israel angebaut. In USA gibt es riesige Nußplantagen mit 100000 und mehr dieser stattlichen Bäume.

Die Nüsse der meisten Sorten wiegen etwa 5–10 g. Sie sind braun, glatt, länglich-eiförmig. Ihre Enden sind je nach Sorte rund abgeflacht bis spitz auslaufend. Die nach Deutschland eingeführten (etwa 3–4 cm lang) sehen wie langgestreckte Eichelsamen aus. Der hellfleischige Samenkern und dessen Geschmack ähneln indessen der Walnuß.

Pecans enthalten etwa 70% *Fett*. Die Fettsäuren-Zusammensetzung kann Tabelle 10 entnommen werden.

Pecans werden heute in USA und anderen Orts vor allem um die Weihnachtszeit verzehrt. Beträchtliche Mengen werden geschält. Davon werden in USA etwa 38% zu Backwaren, 20% zu Konfekt und 7% zu Eiscreme verarbeitet. Nur etwa 6% kommen als gesalzener Knabberartikel auf den Markt. Der US-Export ist noch relativ unbedeutend.

Den Pecans eng verwandt sind die *Hickory-Nüsse*, die ebenfalls *Carya*-Species darstellen. Sie werden in sehr begrenztem Umfange im Norden und Osten der USA angebaut und meist zu Konfekt, Plätzchen und Eiscreme verwendet.

3.3 Macadamianüsse

Die Heimat des immergrünen etwa 10 m hohen Macadamia-Baumes (*Macadamia integrifolia*, Fam.: *Proteaceae*) sind die küstennahen Regenwälder von Neu-Süd-Wales und dem südlichen Queensland. Dort wurde der Baum vor etwas mehr als 100 Jahren als Kulturpflanze entdeckt und zu Ehren von Dr. John Macadam, dem damaligen Sekretär der Philosophical Society of Victoria, Australien, benannt.

Von Australien gelangten Macadamia-Bäume nach Hawai, wo sie zunächst als Schutz gegen Wind gepflanzt wurden. 1960 kamen dann von dort die ersten Nüsse auf den US-Markt. Rasch erwachte (zumindest in USA) das Interesse an den schmackhaften, aber noch relativ teueren Nüssen. Jetzt werden sie zunehmend in Australien und auf Hawai angebaut, wo 1980 die Ernte 13100 t erreichte. Auch gewinnt ihr Anbau in anderen tropischen und subtropischen Ländern an Bedeutung.

Macadamianüsse, auch als Australische oder Queensland-Nüsse bekannt, sind Steinfrüchte wie die Mandel, keine echten Nüsse. Sie haben einen Durchmesser von 2–3 cm und eine sehr harte, hellbraune Steinschale. In Form und Aussehen können sie etwa mit einer großen Haselnuß verglichen werden. Sie wachsen in langen weintraubenähnlichen Rispen an den Bäumen.

Der Geschmack des weißen bis leicht cremefarbenen 2–3 g schweren Samenkerns soll dem der Haselnuß und der Mandel ähneln. Der Handelswert der wohlschmeckenden Nuß ist wegen ihres hervorragenden Aromas höher als der von Walnuß oder Mandel. In Textur, Aroma und Geschmack zählen sie zu den besten Nüssen der Welt, und ihr Bedarf ist dort, wo man sie schätzen gelernt hat, zur Zeit noch nicht zu befriedigen. Die Fluggesellschaften der USA sollen Monat für Monat Millionen der feinen Nüsse auf ihren Flügen verbrauchen.

Die Zusammensetzung enthält Tabelle 9 und die der Fettsäuren des Fettes Tabelle 10. An flüchtigen Stoffen wurden in gerösteten Macadamianüssen neben einer Reihe von bekannten Aldehyden und Alkoholen verschiedene *Pyrazine* (2-Methylpyrazin, 2,3- und 2,5-Dimethylpyrazin, 2,3,5-Trimethylpyrazin, 2-Ethyl-5-methylpyrazin, 2-Ethyl-3,6-dimethylpyrazin, 2,5-Diethyl-3-methylpyrazin) und *Furan-Verbindungen* (2-Furfural, 2-Pentylfuran, 2-Methyltetrahydrofuran-3-on) wie in anderen gerösteten Nüssen (Haselnuß, Pecan) gefunden.

Pyrazin

R = H   Furan
R = CHO   2-Furfural
R = CH$_2$OH 2-Furfurylalkohol
R = CO–CH$_3$ 2-Acetylfuran

Vor dem Verzehr werden Macadamianüsse entweder in heißem Öl 10–15 min auf ca. 130 °C erhitzt oder 40–50 min bei 135 °C trocken geröstet. Roh werden sie kaum verzehrt. Sie werden häufig als gesalzener Knabberartikel zu Getränken gereicht oder zu Konfekt, Backwaren, Salaten und Desserts verwendet. Auch sind mit Schokolade überzogene Macadamianuß-Kandies und Macadamianuß-Eiscreme bekannt.

3.4. Pistazien

Pistazien (*Pistacia vera;* Fam.: *Anacardiaceae*), auch als Pistaziennüsse, -mandeln, Syrische, Sizilianische oder Alepponüsse bezeichnet (engl. Pistachio nut), gehören zur gleichen Pflanzenfamilie wie die Kaschukerne. Ihr Hauptanbaugebiet ist heute der Iran. Den biblischen Völkern waren sie bereits wohl bekannt und vertraut. Seit etwa 5000 Jahren werden sie in östlichen Mittelmeerländern angebaut. 1984 betrug die Welternte 128000 t.

Die Steinfrüchte werden rd. 3 cm lang, sind meist dreikantig und enthalten einen öl-haltigen hellgrünen Samen. Der Geschmack ist mandel-artig.

An *Aromastoffen* wurden in gerösteten Pistazien neben 2-Hexenal, 2-Nonenal, 2-Methyl-2-hexenal und (Z,Z)-2,4-Decadienal verschiedene Pyrazine (2-Methylpyrazin, 2,5-Dimethylpyrazin, 2,6-Dimethylpyrazin, 2-Ethyl-5-acetylpyrazin) und Furane (Furfurylalkohol, 2-Furfural, 5-Methylfurfural, 2-Acetylfuran) sowie 2-Pentylpyrrol identifiziert.

Pistaziensamen werden von der Süßwarenindustrie zu Backwaren, zur Verzierung von Torten, zu Wurstwaren (als Gewürz in Brühwürsten) oder zu Eiscreme verwendet. Schließlich werden Pistazien geröstet und als Knabberartikel verzehrt. Auch ist Pistaziensirup im Handel.

3.5. Sonstige Nüsse

Butternüsse oder amerikanische Walnüsse *(Juglans cinerea), Herznüsse* oder japanische Walnüsse *(Juglans sieboldiana)* und *schwarze Walnüsse (Juglans nigra)* sind unseren Walnüssen *(Juglans regia)* eng verwandt und ähnlich. Sie gehören alle zur gleichen Gattung der Familie der *Juglandaceae;* ihr Anbau ist aber gegenüber der Königin der Walnüsse, der *Juglans regia,* bedeutungslos.

Schwarze Walnüsse wachsen z.B. in den östlichen und mittleren Gebieten der USA wie Iowa. Sie gelten als qualitativ hochwertig und sollen in USA meist zur Aromatisierung von Eiscreme, Backwaren und Konfekt benutzt werden. Herznüsse werden ähnlich verwendet. Von schwarzen Walnüssen werden in USA etwa 1000 t jährlich geerntet, von Butter- und Herznüssen wesentlich weniger.

Piniennüsse, Pinon-Nüsse und *Pignolien* sind bereits in der Bibel erwähnt (Hosea 14:8). Es sind mandelartig schmeckende, etwa 1-2 cm lange Samenkerne von Kiefernarten der Mittelmeerländer, z.B. der Pinie *(Pinus pinea).* Die steinharte Schale ist rotbraun, der Kern hell. Ihre

Weltproduktion hat in den letzten 50 Jahren ständig abgenommen, da sie nicht unter modernen Gartenbau-Bedingungen erzeugt werden können.

Abschließend sei vermerkt, daß die *Früchte vieler Palmen,* nicht nur der Kokospalme, von den Eingeborenen der unterentwickelten Regionen Südamerikas, Südostasiens und Zentralafrikas seit alters genutzt werden. Sie versorgen nach wie vor viele Millionen von Menschen mit Fett und Eiweiß. So haben manche Indianerstämme Südamerikas einen wesentlichen Teil ihres Lebens und ihrer Wanderungen auf Palmenvorkommen eingestellt. Hier könnte sich in Zukunft noch ein weites Feld für exotische Lebensmittel erschließen.

Es würde zu weit gehen, hier Einzelbesprechungen zu bringen. Wir verweisen auf das interessante Kapitel im Werk von Brücher „Palmen als Stärke-, Fett- und Eiweiß-Gewächse", in dem vor allem Palmen Südamerikas berücksichtigt sind.

Das Gemüse „Palmenherzen" ist auf S. 104 dieses Buches kurz besprochen. Aus dem Inneren der Palme *Metroxylon sagu* und einiger verwandter Palmen wird durch Auswaschen die Sago-Stärke gewonnen. Sie stellt für einige Pazifik-Inseln ein wichtiges Exportgut dar. Palmwein siehe S. 128. In Deutschland werden auch Palmenfruchtsaft, z. B. aus Indonesien, und Palmenzucker angeboten.

Literatur

Brücher, H.: Tropische Nutzpflanzen, Ursprung, Evolution und Domestikation. Berlin-Heidelberg-New York: Springer 1977
Ohler, J.G.: Cashew. Commun. 71 Dept. Agric. Res., Koninkl. Inst. voor de Tropen. Amsterdam 1979
Rosengarten, F., jr.: The Book of edible Nuts. New York: Walker and Co. 1984
Woodroof, J.G.: Tree Nuts: Production, Processing, Products, 2. Aufl. Westport (USA): AVI Publ. 1979

4. Gemüse

Gemüse spielt wie das Obst in der Welternährung eine große und wichtige Rolle. Dabei versteht man unter Gemüse:

alle in frischem Zustande nicht lufttrocknenen Teile höherer Pflanzen (also Wurzeln, Wurzelstöcke, Knollen, Zwiebeln, Blätter, Stengel, Sprosse, Knospen, Blüten, Früchte, Samen), die ohne Entzug wesentlicher Bestandteile roh, gekocht oder sonstwie zubereitet zur menschlichen Ernährung direkt dienen, mit Ausnahme der Früchte mehrjähriger Pflanzen, die zum Obst zählen.

Die meisten Gemüsepflanzen sind im Anbau einjährig, einige mehrjährig. Zum Teil werden auch die stärkereichen Knollengewächse wie Kartoffeln etc. dazu gezählt, was wir hier auch tun wollen.

Das Gemüseangebot der meisten Länder ist recht ähnlich. Eine Reihe von Gemüsearten wie Möhren, Sellerie, Weiß- und Rotkohl, Rosenkohl, Blumenkohl, Tomaten, Gemüsepaprika, Gurken, Erbsen, Bohnen, Zwiebeln haben sich in der Welt durchgesetzt. Lokale Gemüsearten sind in den Industrieländern oft im Rückzug, in weniger entwickelten Gebieten aber noch sehr verbreitet.

Da im Gegensatz zum Obst die unterschiedlichsten Teile einer Pflanze als Gemüse verwendet werden, kann die Zahl der in einem Lande, besonders einem Entwicklungslande, verzehrten Gemüsearten recht hoch sein. Es ist nicht beabsichtigt, hier eine mögliche Vollständigkeit zu bieten, sondern wir wollen uns auf jene Gemüsearten beschränken, die anderen Orts größere Bedeutung haben und/oder für unser Land in Zukunft bekommen könnten.

Für die *Inhaltsstoffe* gilt im wesentlichen das unter Obst (S. 3) Ausgeführte. Auch im Gemüse ist Wasser der Hauptbestandteil. In der Trockenmasse dominieren in der Regel die Kohlenhydrate. In einer beträchtlichen Zahl von Gemüsearten ist die Stärke am wichtigsten. In den Fruchtgemüsearten, aber nicht nur dort, stehen meist Zucker (Glucose, Fructose, Saccharose) im Vordergrund. Hauptsäure ist meist die Äpfelsäure, gelegent-

Tabelle 11. Durchschnittliche Zusammensetzung verschiedener Gemüsearten

		Aubergine	Artischocke	Batate	Cassave	Yam	Taro	Kochbanane	Okra	Chayote
Wasser	%	93	83	70	62	73	67	66	89	93
Kohlenhydrate	%	4,5	11	26	35	23	27	30	8	6
Rohprotein	%	1,2	2,4	1,6	1,2	1,5	1,2	1,0	1,5	0,7
Rohfett	%	0,2	0,1	0,2	0,2	0,1	0,2	0,2	0,3	0,1
Asche	%	0,5	1,3	1,0	0,7	1,0	1,0	1,0	0,7	0,3
Kalium	mg/100 g	240	350	400		350	340		250	100
Calcium	mg/100 g	12	53	30	30	30	19	15	90	14
Magnesium	mg/100 g	10	26	25					60	
Phosphor	mg/100 g	20	130	45	42	50	60	38	60	20
Eisen	mg/100 g	0,4	1,5	0,7	1,0	0,3	1,0	0,8	1,0	0,4
β-Carotin	mg/100 g	0,03	0,10	0–4	0	0,01	0,01		0,09	0,02
Thiamin	mg/100 g	0,04	0,14	0,10	0,04	0,10	0,13	0,10	0,10	0,03
Riboflavin	mg/100 g	0,05	0,05	0,06	0,05	0,03	0,04	0,05	0,10	0,04
Niacin	mg/100 g	0,6	0,9	0,6	0,6	0,4	1,1	0,06	1,0	0,45
Vitamin C	mg/100 g	5	8	20	30	10	4	15	25	17

Aubergine: Glucose 1,5; Fructose 1,5; Saccharose 0,3%.

Empfehlungen für die Nährstoffzufuhr der Deutschen Gesellschaft für Ernährung siehe in Tabelle 1 auf Seite 163

Tabelle 11 (Fortsetzung)

		Luffa	Wasser-kastanie (*Eleocharis dulcis*)	Bambus-Sprossen	Japan. Rettich	Amaranth	Wasser-spinat	Neuseeländer Spinat	Kimtschi
Wasser	%	95	78	91	94	92	92	93	94
Kohlenhydrate	%		19	5	4			3	
Rohprotein	%	1,2	1,4	2,5	0,9	2,9	2,9	2,2	1,7
Rohfett	%	0,1	0,2	0,3	0,1	0,4	0,5	0,3	0,4
Aciditat	%	0,14				0,20	0,39		0,22
Asche	%	0,4	1,1	0,9	0,7	1,9	1,4	1,8	1,5
Kalium	mg/100 g	160	500	470	180	630	460	800	620
Calcium	mg/100 g	14	10	15	35	110	68	58	100
Magnesium	mg/100 g	14				85	29	40	25
Phosphor	mg/100 g		65	55	26			46	
Eisen	mg/100 g	0,3	0,6	0,5	0,6	3,9	2,4	2,6	3,2
β-Carotin	mg/100 g	0,06	0	0,01	0,01	1,7	1,2		1,4
Thiamin	mg/100 g	0,05	0,14	0,13	0,03	0,20	0,01		0,01
Riboflavin	mg/100 g	0,01	–	0,08	0,02	0,21	0,15	0,17	0,18
Niacin	mg/100 g	0,2	1,0	0,6	0,4	0,8	0,8	0,6	0,6
Vitamin C	mg/100 g	18	4	6	15–23	55	28	30	19

lich auch die Zitronensäure. Die chemische Zusammensetzung der nachstehend behandelten Gemüsearten – soweit bekannt – ist in Tabelle 11 angegeben. Bei nur einem Wert handelt es sich meist um den Mittelwert. Die möglichen Gehalte schwanken nach beiden Seiten, besonders stark bei den Vitamin-Gehalten.

4.1. Aubergine

Die Aubergine oder Eierfrucht (*Solanum melongena;* Fam.: *Solanaceae*) – der Tomate verwandt – wird seit alten Zeiten in Indien als Gemüsepflanze unter dem Namen „Brinjal" kultiviert. Dort wird sie auch heute noch in vielen Landsorten mit in Größe, Form und Farbe sehr unterschiedlichen Früchten angebaut. Im 16. und 17. Jahrhundert scheint sie als Kulturpflanze nach Europa gelangt zu sein. Später kam sie dann nach Amerika. Den deutschen Markt hat sie sich erst seit kurzem – auch dank der Gastarbeiter – erobert. Auberginen sind ein Kind der Subtropen und vor allem in Asien verbreitet. Über 5 Mill. t wurden 1984 in der Welt produziert. Man kann die etwa 1 m hohe Pflanze auch in unseren Gewächshäusern einjährig ziehen; im milden Weinbauklima gedeiht sie gelegentlich auch im Freien. In den Ländern um das Mittelmeer wird sie viel angebaut.

Auberginen können – je nach Sorte – eiförmig, birnenförmig, länglich oder schlangenförmig (bis 1 m lang!) und weiß, gelblich, grün oder violett sein. Auch gibt es gestreifte Abwandlungen. So werden eiförmige weiße Auberginen als Eierauberginen (eggplants) nach Deutschland importiert. In Indien wie auch in Europa und USA wird die violette Aubergine auf dem Markt bevorzugt. Nach einer EG-Verordnung muß der Querdurchmesser für längliche Früchte mindestens 40 mm und für rundliche mindestens 70 mm betragen. Sie müssen mindestens 100 g, können aber auch über 500 g wiegen. Für unseren Markt werden die blauvioletten, lackglänzenden, festen, fleischigen Beerenfrüchte meist in der länglichen Form aus Mittelmeerländern importiert. Eine bräunliche Verfärbung ist ein Zeichen minderer Qualität. Die Auberginen enthalten viele kleine braune Samen in einem festen Fruchtfleisch.

Bei den Auberginen, die sich durch eine starke Färbung auszeichnen, standen verständlicherweise die *Farbstoffe* im Vordergrund des wissenschaftlichen Interesses. Die Anthocyanine sind Delphinidin-glykoside, zum Teil acyliert mit p-Cumarsäure oder Kaffeesäure. Weiter wurde an phenolischen Inhaltsstoffen Chlorogensäure nachgewiesen. An *Säuren* enthalten Auberginen hauptsächlich Äpfelsäure, gefolgt von Chinasäure und Zitronensäure. Der Gehalt an Oxalsäure ist mit etwa 10 mg/100 g wie in allen Früchten gering. Die Aromastoffe gegarter Auberginen bestehen im wesentlichen aus Kohlenwasserstoffen. Daneben treten einige Aldehyde auf. Es sollen Spuren an *Solanin* vorkommen; schließlich ist die Aubergine wie die Kartoffel ein Nachtschattengewächs.

Auberginen weisen eine bittere Geschmacksnote auf. Sie können gedünstet, geschmort, gebraten oder gebacken verzehrt werden. Gern werden Auberginen mit Fleisch, Zwiebeln, Tomaten gefüllt. Auch kann man die Früchte als pikante Happen, als Salat oder mariniert genießen. Auberginen sollte man erst kurz vor der Verwendung in Stücke schneiden. Verfärbungen können durch Eintauchen in Zitronensaft vermieden werden.

Gelegentlich findet man Auberginen-Konserven im Handel, z. B. auch Auberginen in Sojasoße.

Rezepte

Gefüllte Auberginen: 4 Auberginen längs durchschneiden und aushöhlen. Das Auberginenfleisch fein hacken, mit 250 g Hackfleisch, 1 Tasse gehackte Zwiebeln, 1 eingeweichtem Brötchen, 1 Ei, Pfeffer, Salz, Öl gut vermengen und in die Auberginen füllen. Die gefüllten Auberginen in eine gefettete Auflaufform setzen und bei 180 °C etwa 30 min überbacken; evtl. beim Garen etwas Flüssigkeit zugeben.

Auberginen à la Provence: 2 gewürfelte Zwiebeln und 2 zerdrückte Knoblauchzehen in 2 Eßlöffel heißen Öls andünsten und in eine gefettete Auflaufform geben. 3 in Scheiben geschnittene, gesalzene und abgespülte Auberginen sowie 750 g in Scheiben geschnittene Tomaten darüberschichten, mit Pfeffer, Salz und Thymian würzen, mit Paniermehl bestreuen und mit Butterflöckchen besetzt bei 170 °C etwa 20 min überbacken. Dieses Gericht kann auch mit Käse überbacken werden.

4.2. Artischocke

Artischocken sind die noch nicht entfalteten Blütenköpfe der mehrjährigen distel-artigen *Cynara scolymus* (Fam.: *Asteraceae*). Sie bestehen aus dem dicken, fleischigen Blütenboden und den dachziegelartig übereinanderliegenden, etwas abstehenden Hüllblättern, die in ihrem unteren Teil ebenfalls fleischig sind. Sie werden geerntet, bevor die violetten Blütenblätter sichtbar werden.

Die Artischocken„köpfe" sind rund oder oval und haben einen Durchmesser von 6-15 cm. Ihre Farbe ist in der Regel schmutzig grün, meist mit mehr oder weniger violetten Stellen.

Artischocken von hellgrüner Farbe werden weniger angebaut. Artischocken sind gegen Frost sehr empfindlich und gedeihen in Deutschland nur in wenigen klimatisch begünstigten Gebieten wie in der Pfalz und an der Bergstraße. Dagegen spielt ihr Anbau in Italien, Frankreich, Spanien,

Algerien und Marokko eine beträchtliche Rolle, wo über 1 Mio. t jährlich produziert werden.

An interessanten Inhaltsstoffen enthalten Artischocken vor allem phenolische Stoffe. Am bekanntesten ist das bitter schmeckende „Cynarin", eine Dicaffeoyl-chinasäure, die deutlich anregend auf die Gallensekretion wirkt. Daher werden Artischocken-Extrakte von der pharmazeutischen Industrie zu zahlreichen *Arzneimitteln* für Leber- und Gallenleiden genutzt. Daneben kommen weitere Caffeoyl-chinasäuren vor. Als Kohlenhydrat enthalten Artischocken wie alle Asteraceae Inulin statt der sonst überall verbreiteten Stärke.

R = H = p-Cumarsäure-Rest (p-Cumaroyl-)   Chinasäure
R = OH = Kaffeesäure-Rest (Caffeoyl-)
R = OCH$_3$ = Ferulasäure-Rest (Feruloyl-)
Chlorogensäure = 3-Caffeoyl-chinasäure
Neochlorogensäure = 5-Caffeoyl-chinasäure
Cynarin = 1,3-Dicaffeoyl-chinasäure

Die Aromastoffe, deren Gehalt sehr gering ist, bestehen hauptsächlich aus dem Sesquiterpen β-Selinen (32%) neben sieben weiteren Sesquiterpenen (10%) sowie Benzylalkohol (27%) und Phenylacetaldehyd (13%). Für das Aroma werden die Sesquiterpene verantwortlich gemacht.

Artischocken waren bis Ende des 18. Jahrhunderts ein Feinschmeckergemüse vermögender Adliger. Heute werden Artischocken mit ihrem leicht bitteren Geschmack vor allem in Italien, dem Haupterzeugerland, und in Frankreich als Edelgemüse geschätzt. Verzehrt werden die jungen, fleischigen Blütenböden sowie die fleischigen Basen der Hüllblätter.

Mit Artischocken kann man Cremesuppen und Suppen, z. B. mit Erbsen und Karotten oder mit Porree, geschmacklich abrunden. Man kann sie – z. B. in 4 Teile geteilt und gedünstet – als Gemüsebeilage, aber auch als Hauptgericht verwenden. Artischockenböden werden zu Salaten und für Cocktailplatten benutzt. Marinierte Böden kleiner Früchte zählen zu den beliebten Vorspeisen der italienischen Küche. Auch werden diese konserviert angeboten. Schließlich gibt es auch Aperitifs mit Artischockenextrakt als bitterer Note.

Zur Zubereitung wird der Stiel knapp unter dem Boden abgedreht. Dann greift man zur Schere und entfernt die kleinen, meist violetten Deckschuppen (äußere Blätter) und kürzt das obere Drittel aller Hüllblätter. Die Spitze des Kopfes wird mit einem scharfen Messer gekappt. Ebenso werden die Staubgefäße entfernt. Sofort nach dem Putzen sollte man die Artischocke gut durchspülen und jeden Teil mit einem Stück Zitrone einreiben, da Artischocken sich durch Oxidation der enthaltenen phenolischen Inhaltsstoffe rasch dunkel verfärben. Dann wird die Artischocke in Salzwasser etwa 20 min gekocht.

4.3. Radicchio

Zichorien (*Cichorium intybus*; Fam.: *Asteraceae*) kennen wir als verbreitete Wildpflanze mit blauen Blüten im Spätsommer. Aus ihr sind verschiedene Gemüse mit geschlossenen festen Köpfen gezüchtet worden, wie die grüne Salatzichorie (auch Zuckerhut-Salat genannt), ein Salatgemüse für den Spätherbst- und Winter-Verbrauch, oder die rote Form Radicchio oder der gebleichte Chicorée (z. B. Witloof).

Radicchio wird im Mittelmeerraum angebaut und nach Deutschland von Oktober bis Mai importiert. Er hat weinrote geäderte Blätter mit weissen Rippen und bildet einen geschlossenen Kopf von etwa 100–150 g Gewicht. Der Geschmack ist herzhaft bis bitter. Letzterer kann durch kurzes Wässern in lauwarmem Wasser gemildert werden. Radicchio wird hauptsächlich zu Salaten verwendet, allein oder mit anderen Salatgemüsen und Früchten wie Tomaten oder Orangen. Seine rote Farbe kann Salatplatten beleben. Man sollte ihn erst kurz vor dem Verzehr anrichten, denn die Blätter verlieren rasch an Frische. Salatrezepte, die sich für Chicorée eignen, schmecken mit Radicchio noch herzhafter.

4.4. Okra

Okra (*Abelmoschus esculentus*; Fam.: *Malvaceae*), auch Gombo oder (eßbarer) Eibisch genannt, stammt aus Afrika, wurde aber in Indien zu einer bemerkenswerten Nutzpflanze domestiziert. In USA wurde sie bereits im 18. Jahrhundert angebaut. Heute ist sie überall in den Tropen und Subtropen anzutreffen, z. B. im Mittelmeerraum und in den Südstaaten der USA. Ihre Stengel liefern Fasern, die Samen werden geröstet, und die unreifen Fruchtstände schätzt man als Gemüse.

Okra ist eine einjährige, strauchartig verzweigte Pflanze, die bis 2 m Höhe erreichen kann. Sie hat wie die verwandten Hibiscus-Arten, die bei uns als prächtige Zierpflanzen bekannt sind, schöne große Einzelblüten von gelbweißer Farbe. Die Früchte wachsen zu etwa 12–15 cm langen fingerdicken, leicht gebogenen sechskantigen schnabelförmigen Kapseln heran, die auf einem verbreiterten Fruchtboden sitzen. Sie werden in grünem, noch unreifem saftig-weichem Stadium geerntet und ergeben gekocht ein Gemüse von mildem, aromatischem Geschmack. Okras haben als „Lady's finger" Eingang auf dem europäischen Gemüsemarkt gefunden.

Die Fruchtfarbe ist von der Sorte abhängig und variiert zwischen cremefarbig-weiß und dunkelgrün oder rot. Die Oberfläche ist entweder glatt oder mehr oder weniger stark gerieffelt. Der Zeitraum zwischen Blüte und Pflückreife beträgt meistens 4-6 Tage. Die Früchte sind dann fast ausgewachsen, und es tritt eine schnelle Verholzung ein. Auch nach der Ernte werden einwandfreie Früchte schnell zäh, so daß ein sofortiger Verbrauch zu empfehlen ist.

Abb. 17. Okrafrüchte

Hauptinhaltsstoff ist die *Stärke*. Etwa 25% der Trockensubstanz entfallen auf die drei Zucker Glucose, Fructose und Saccharose, die mit 0,6-0,8 bzw. 0,6-1,1 bzw. 0,5-0,9 g/100 g Frischgewicht in ähnlicher Konzentration auftreten. Der Rohfasergehalt wird mit 1-2% angegeben. Der *Vitamin-C-Gehalt* fällt von der Basis (etwa 32 mg/100 g) zur Spitze (etwa 16 mg/100 g) auf die Hälfte ab und nimmt mit zunehmender Reife weiter ab. Der Calcium-Gehalt der Okras ist bemerkenswert (s. Tab. 11). In den meisten Gemüse- und Obstarten ist er unvergleichlich geringer!

Okras können in der Küche nach Entfernen des Stiels in mannigfaltiger Weise verwendet werden, z. B. als Suppeneinlage oder zur Bereitung von Bratensoßen. Auch werden sie als Gemüse gekocht. In USA ist die Okra- oder Gombosuppe bekannt, die zusammen mit Fleisch verzehrt wird. Okras bilden einen wichtigen Bestandteil der sog. Callaloosuppe, einer Spezialität aus Trinidad.

Ein großer Teil der Okras wird naß konserviert oder tiefgefroren. In der Türkei werden sie in beträchtlicher Menge getrocknet und zum Teil exportiert. Auf dem deutschen Markt werden z. B. „Okra, naturell" und „Okra in Tomatensoße" angeboten. Eine große Zahl von Rezepten siehe bei Kranz.

Im Altertum fanden Frucht und Wurzel wegen ihres hohen Schleimgehalts als *Stomachicum* (Magenmittel) Verwendung.

Die in reifem Zustande dunkelgrünen bis dunkelbraunen *Okrasamen*, Durchmesser etwa 5 mm, enthalten etwa 20-25% Eiweiß und 15-20% Öl. Die Fettsäurezusammensetzung wurde mit ca. 40% Linolsäure, 23-34% Palmitinsäure und ca. 25-40% Ölsäure angegeben. Die Aminosäuren-Zusammensetzung des Eiweißes ist der der Sojabohnen ähnlich.

4.5. Batate (Süßkartoffel)

Die Bataten oder Süßkartoffeln sind - anders als bei unserer Kartoffel - anatomisch sproßbürtige Wurzeln der Knollenwinde (*Ipomoea batatas;* Fam.: *Convolvulaceae*). Es ist ein niedrig wachsendes Windengewächs, dessen Heimat das tropische Amerika ist. Die spindel- bis walzenförmigen Knollen haben eine dünne, helle bis rote, häufig orangefarbene Rinde und ein hellgelbes, gelbes bis dunkelorangefarbenes Fleisch. Sie werden im Durchschnitt etwa 10-15 cm lang. Bataten enthalten einen ungiftigen Milchsaft. Sie schmecken mehr oder weniger süßlich und etwas schleimig.

96 Gemüse

Abb. 18. *Bataten*

Wie die Kartoffel gelangte auch die Batate (die Bezeichnung leitet sich vom karibischen Wort „batata" ab) durch die Entdeckung Amerikas durch die Spanier nach Europa. Während die Spanier anfangs an den Andenkartoffeln wenig Geschmack fanden, schätzten sie die Süßkartoffeln um so mehr und bauten sie auch in Spanien erfolgreich an. Bald waren Bataten eine gängige Marktfrucht und wurden als Delikatesse der Reichen sogar bis nach England gehandelt, lange bevor man dort die „Irish potato", unsere Kartoffel, kannte. Schließlich wurde die Süßkartoffel eine der großen Weltwirtschaftspflanzen. Zur Zeit (1984) werden über 117 Mio. t jährlich in der Welt produziert, vor allem in China.

Frische Knollen können wie Kartoffeln gekocht, gebacken oder gebraten verzehrt werden. In den meisten Ländern werden sie mit Soßen gegessen. Ihr Geschmack ist mehlig, süßlich, leicht schleimig; darum werden sie besser gebraten als gekocht. Die Süße kann man durch entsprechende Würzung betonen. Neuerdings werden auch Chips von guter Qualität in verschiedenen Geschmacksrichtungen hergestellt.

4.6. Cassave

Die Wurzelknollen der Cassave (Maniok, Mandioka, Tapioka; botan.: *Manihot esculenta;* Fam.: *Euphorbiaceae*) werden seit Jahrtausenden im tropischen Amerika zu Nahrungszwecken angebaut. 1984 wurden in der Welt 129 Mio. t, davon etwa 25 Mio. t in Brasilien und je etwas über 10 Mio. t in Thailand, Indonesien, Zaire und Nigeria geerntet. Mit einem Minimum an Arbeitseinsatz liefert die Cassave ein Maximum an Ertrag und pro Flächeneinheit mehr nutzbare Energie (Kalorien, Joule) als jedes andere Knollengewächs. Sie ist eine Nutzpflanze der „Armen" geblieben.

Die Stammpflanze ist ein 2-3 m hoher Busch mit langgestielten tiefgelappten Blättern. Die Wurzeln enden in langen dicken weiß- oder gelbfleischigen Knollen von 20-40 und mehr cm Länge und 5-10 cm Dicke. Ihre Schale ist meist braun bis rot. Wie bei allen Wolfsmilchgewächsen *(Euphorbiaceen)* besitzt auch die Cassave Milchsaftröhren. Diese enthalten das giftige bittere Glykosid Linamarin (=Phaseolunatin der Limabohnen), aus dem auf enzymatischem Wege Blausäure (HCN) freigesetzt werden kann. Durch geeignete Aufbereitung kann die Blausäure-Gefahr weitgehend ausgeschaltet werden. Zum Frischverbrauch dienen im wesentlichen süßschmeckende frühreife Sorten mit niedrigem Linamarin-Gehalt. Er beträgt im Mark etwa 50 mg/kg und ist in der Rinde höher.

Geschälte Cassave-Knollen können - wie Kartoffeln - in Streifen geschnitten oder zu Brei gekocht mit Öl gebraten und geschmort werden. Hierbei verflüchtigt sich die Blausäure. Oft wird aus Cassave (fabrikmäßig) Tapiokastärke ähnlich wie aus Kartoffeln durch Naßvermahlung der getrockneten Knollen gewonnen. Sie wird vielseitig als Dickungsmittel verwendet. Oberflächliches Verkleistern und Pressen durch Siebe ergibt Tapioka-Sago. In Nigeria wird aus geschälter Cassave durch einen wenige Tage dauernden Gärungsprozeß mit anschließendem Trocknen in der Hitze und Pulvern „Gari" gewonnen. Hieraus wird eine Art Pudding bereitet und zu Gemüsesuppen verzehrt. In Brasilien wird Cassave häufig zu „Farinha" verarbeitet.

4.7. Yam

Als „Yam" wird in den Tropen und Subtropen eine größere Zahl von knollenbildenden *Dioscorea*-Arten (Fam.: *Dioscoreaceae*) bezeichnet, wie Wasser-, Kartoffel-, Gelber, Weißer, Chinesischer, Cush-cush- und Bitterer Yam. Über 90% der Welt-Yam-Produktion von 25,5 Mio. t (1984) entfallen auf Westafrika, besonders Nigeria (18,5 Mio. t). Ein hoher Verzehr an Yam kann gesundheitlich nicht ganz unbedenklich sein.

Die meisten Yam-Arten sind einjährige rankende Gewächse. Die Knollen, die verzehrt werden, können sehr verschiedene Form und Größe haben. Beim Weißen Yam (*Dioscorea rotundata*), der in Westafrika am meisten angebauten Art, sind die Knollen meist cylindrisch, um 2,5 kg schwer, weiß mit brauner Schale. Die Knollen des hauptsächlich in Asien angebauten Wasser-Yams (*Dioscorea alata*) haben normalerweise das stattliche Gewicht von 5–10 kg, gelegentlich auch bis 50 kg.

Geschälte Yam-Knollen können gekocht oder, in dünne Scheiben geschnitten, geröstet oder in Palmöl zu Chips gebraten werden.

4.8. Pfeilwurz und Taro

Größere Bedeutung hat die *Pfeilwurz* = (Westindische) Arrowroot (*Maranta arundinacea;* Fam.: *Marantaceae*) erlangt. Die Staudenpflanzen erreichen eine Höhe von 1–2 m und haben bis 30 cm lange lanzettartige Blätter. Die sehr feine und leicht verdauliche Stärke ihrer Rhizome (Wurzelstöcke) wird auf dem Weltmarkt sehr geschätzt und vorzugsweise für Kindernährmittel und diätetische Lebensmittel verwendet.

Eine Reihe stärkehaltiger Knollen tropischer Pflanzen wird ebenfalls als „Arrowroot" bezeichnet, wie Brasilianische (=Cassave), Ostindische (oder Fiji-, Tahiti-), Indische, Portland- und Queensland-Arrowroot.

Taro (*Colocasia esculenta;* Fam.: *Araceae*), in Japan Dasheen genannt, ist eine Jahrtausende alte Kulturpflanze Südostasiens von 1–2 m Höhe. Die Wurzelstöcke, bisweilen auch die elefantenohr-ähnlichen Blätter der Staude werden in Polynesien und im karibischen Raume, hauptsächlich aber in Nigeria und Ghana (Jahreswelternte 1984 5,75 Mio. t Knollen) geschätzt.

Die kopfartigen Knollen können mehrere kg schwer werden, ihre Farbe wechselt von reinweiß bis zu schmutziggrau, rötlich bis blauviolett. Der Säuregehalt beträgt 0,2–0,4 g/100 g, wobei Äpfelsäure Hauptsäure ist. Weitere Inhaltsstoffe Tabelle 11.

In der Küche können Taro-Knollen wie Kartoffeln zubereitet werden; man kann sie kochen, braten, backen oder rösten. Nach längerem Kochen schmecken Taro-Knollen auch Europäern. Auf Hawai wird aus ihnen das traditionelle „Poi" zubereitet, indem die geschälten Knollen gekocht, zerstampft und einer Milchsäuregärung unterworfen werden, wobei eine puddingähnliche Masse entsteht. Auch gibt es Taro-Chips. Die in der Karibik, vor allem in Trinidad, als „Nationalgericht" geschätzte Callaloo-Suppe wird aus gekochten jungen Taro-Blättern mit Okra, Schinken und Krabben hergestellt.

4.9. Kochbanane

Nachgereifte Bananen stellen in Europa ein preiswertes und beliebtes Frischobst dar. Die Verkaufszahlen beweisen es. Weniger bekannt ist, daß es in den Tropen auch noch die sog. Kochbananen gibt. Sie werden wie Gemüse gegart; deshalb behandeln wir sie hier.

Obstbananen und Kochbananen haben die gleichen Stammpflanzen (*Musa Spec.*; Fam.: *Musaceae*). Die harten und grasgrünen Kochbananen sind größer als die Obstbananen und weisen einen hohen Stärkegehalt (bis 30%) auf; daher auch der Name Mehl- oder Stärkebanane. In Afrika sind sie oft als „Plantains", in Südamerika als „Plantano" bekannt.

1984 wurden in der Welt 41,1 Mill. t Obstbananen und 20,3 Mill. t Kochbananen produziert, von letzteren allein 12,9 Mill. t in Afrika, hauptsächlich Uganda, Nigeria, Rwanda, Zaire und Kamerun. Überhaupt spielen die Kochbananen in Afrika eine wesentlich größere Rolle als die Obstbananen, von denen nur 4,5 Mill. t geerntet wurden. Sie stellen dort zum Teil ein Grundnahrungsmittel dar.

Kochbananen werden in den Tropen wie bei uns die Kartoffeln verwendet, sie werden gekocht, gedünstet, gebacken oder in Öl fritiert. Sie dienen häufig als Beilage zu Fleisch- und Fischgerichten und zu Eintöpfen. Oft werden Kochbananen in einer Soße verzehrt oder mit anderen Ingredentien wie Salz, Pfeffer, Zwiebeln zur Geschmacksverbesserung gekocht. In Westafrika werden gegarte Kochbananen, zum Teil mit Cassave (S. 97) oder Yam (S. 97) oder diese allein, zu einem Brei („Fufu") zerstampft, der mit Suppe oder Soße verzehrt wird.

4.10. Gurkengewächse

Die umfangreiche Familie der *Cucurbitaceae* (Gurkengewächse) umfaßt mehr als 750 Arten. Sie wachsen vor allem in den Tropen und Subtropen. So findet man Cucurbitaceen im tropischen Urwald und andere auf den heißen Sandböden der argentinischen Pampa. Den Ureinwohnern dienten viele Arten als Nahrung und müssen in der Frühgeschichte des Menschen eine wichtige Rolle gespielt haben. Aus Ausgrabungen mittel- und südamerikanischer Indianersiedlungen erhält man nach Brücher den Eindruck, es habe dort vor 7000 Jahren eine „Kürbiskultur" gegeben.

Wir Mitteleuropäer kennen Gurken (*Cucumis sativus*), Gartenkürbis (*Cucurbita pepo*), Riesenkürbis (*Cucurbita maxima*), Zuckermelonen (*Cucumis melo*) und Wassermelonen (*Citrullus lanatus*). Weitere nützliche Arten der Subtropen und Tropen, die auf 5 Kontinenten verbreitet sind, sind

100 Gemüse

die Chayote (*Sechium edule*), die Schwammgurke (Luffaschwamm; *Luffa aegyptiaca*) und der seit Jahrtausenden bekannte Flaschenkürbis (Kalabasse; *Lagenaria siceraria*). In Afrika sind Gherkin (*Cucumis anguria*) und in Süd- und Mittelamerika der Moschuskürbis (*Cucurbita moschata*), der Feigenblattkürbis (*Cucurbita ficifolia*) und *Cucurbita mixta* verbreitet. Auf indischen Märkten findet man häufig Schlangengurken und *Momordica*-Arten.

Zu den Gartenkürbissen zählen u. a. die Ölkürbisse (*C. pepo var. malakasperma*) mit fett- und eiweißreichen Samen, eine Reihe von Zierkürbis-Sorten und vor allem die *Zucchini,* auch Courgette oder Zucchetti genannt. In jungem und zartem Zustand vor dem Festwerden der Kerne geerntet, sind sie Gurken sehr ähnlich, zylindrisch, schlank, dunkelgrün. Zucchini werden in der Regel nicht geschält. Im Gegensatz zu Gurken werden sie gegart verzehrt wie viele andere Gurkengewächse der Tropen und Subtropen. Man kann sie als Vorspeise, in Suppen, im Eintopf und als Gemüsebeilage zu Hauptgerichten verwenden.

4.10.1. Chayote

Die Heimat der Chayote (*Sechium edule*), auch Chocho, Christofine oder Mirliton genannt, ist Lateinamerika. Dort wurde sie bereits zur Zeit der Azteken kultiviert. Hier überziehen die oft 20-30 m langen Pflanzen ganze Plantagen mit ihrem dichten Laubwerk. Eine einzelne Pflanze produziert in einem einzigen Vegetationszyklus Hunderte von Früchten, die aus dem dichten Lianengeflecht herunterhängen. Sie dienen roh oder gekocht der menschlichen Ernährung, werden aber auch als Viehfutter genutzt.

Die Chayote ist eine birnenförmige unregelmäßig gefurchte Beerenfrucht, die unreif geerntet sich gut transportieren läßt. Sie wird etwa 8-20 cm lang und bis 1 kg schwer. Die Farbe ihrer dünnen, aber festen Schale variiert von dunkelgrün bis weiß; der Geschmack erinnert etwas an Gurken. Sie besitzt nur einen einzigen großen ovalen harten Samen, der auffallenderweise stets schon innerhalb der Frucht keimt und eine bewurzelte Jungpflanze bildet. Bereits im unreifen Zustande ragen aus dem basalen Teil der Frucht die aus dem Samen gebildeten Keimblätter, bisweilen sogar Wurzeln oder Ranken hervor. Für wild wachsende Sechium-Früchte ist es im undurchdringlichen Urwalddickicht im Kampf um Dasein und Licht ein großer Vorteil, wenn die vorzeitig ausgekeimte Jungpflanze diese bemerkenswerte Starthilfe hat.

Weiterhin ist bemerkenswert, daß die Wurzeln der Chayote die Form einer Rübe annehmen, aus der sich zahlreiche Erneuerungsknospen bilden, die in den folgenden Jahren zu neuen Sprossen auswachsen. Im zweiten Jahr verdicken sich die Seitenwurzeln an ihrer Spitze zu Knollen, bis 10 kg schwer, die verzehrt werden können.

Amerikanische Chayoten, die kürzlich untersucht wurden, enthielten 94,7% Wasser, 1,0% Roheiweiß und kaum Fett. Die Kohlenhydrate bestehen im wesentlichen aus Stärke, Zuckern und Pektin. Der Aschegehalt betrug 190 mg/100 g, davon 68 mg Kalium, 9 mg Calcium und 0,4 mg Eisen.

Zum Verzehr sollten die Früchte gekocht werden. Sie sind zuvor *unter Wasser zu schälen*, da sie Stacheln haben können und einen klebrigen Saft abgeben. In Stücke geschnitten werden sie in Salzwasser mit einem Schuß Essig gelegt.

Chayoten, deren Geschmack als eine Mischung aus Gurke und Zucchini bezeichnet wird, kann man in verschiedener Weise zubereiten.

Als Gemüsebeilage passen sie zu Kartoffeln, Reis und Nudeln und zu gegrilltem und gebratenem Fleisch. Man kann sie hierzu in verschiedenen Soßen (weiße, Butter-, Rahm-, Käse-, Currysoße) zubereiten. In Brasilien sind sie als Suppe und als Eintopf bekannt. Chayoten können aber auch überbacken oder gefüllt auf den Tisch gebracht werden. Auch kennt man Chayotensalat mit Muscheln, Krabben oder grüner Soße. Eine größere Zahl von Rezepten, wie man mit der Frucht den Tisch exotisch bereichern kann, gibt Kranz.

4.10.2. Weitere Gurkengewächse

Die *Ghkerkin* (*Cucumis anguria*), als Gemüse auf den Antillen geschätzt, stammt ursprünglich aus Afrika und ist heute unter der Bezeichnung „West Indian Gherkin" über die Tropen verbreitet. Die Pflanze ist den Gurken recht ähnlich. Ihre Früchte sind indessen ziemlich rund, weisen viele Warzen auf und werden nur etwa 4-5 cm lang. Sie werden - wie bei uns die Gurken - in unreifem jungen Zustande verwertet. Hauptsächlich in Indien werden auch die jungen zylindrischen Früchte der *Schwammgurke* (*Luffa aegyptiaca*) roh oder gegart bzw. in Suppen verzehrt. Aus den schwarzen Samen reifer Früchte, die 30-50 cm lang werden können, kann Speiseöl gewonnen werden. Den Namen Schwammgurke hat die Frucht daher, daß nach Wegfaulen des Parenchyms ein fibröses Gewebe übrig bleibt, das wegen seiner elastischen Struktur als Schwammersatz genutzt werden kann; diese Sorten sind als Gemüse allerdings untauglich. Die *Luffa* (*Luffa acutangula*) findet man ebenfalls häufig auf indischen und indonesischen Märkten. Die länglichen Früchte fallen durch kantige Längsrippen auf und werden unreif gegart oder in Suppen genossen. Der Moschus-Kürbis (*Cucurbita moschata*), so genannt nach seinem Duft, hat keine harte Schale und variiert außerordentlich in seiner Form. Das dunkelgelbe Fruchtfleisch ist in der Konsistenz etwas gelatinös. Auch dieser Kürbis wird wie die sehr ähnlichen Früchte von *Cucurbita mixta* von den Eingeborenen Zentralamerikas als Gemüse gegart.

Der dunkelgrüne *Wachskürbis* (*Benincasa hispida*), 20-35 cm × 15-20 cm, und die

102 Gemüse

weichschaligen nichtbitteren Sorten des oft weißgesprenkelten grünen *Flaschenkürbis (Lagenaria siceraria)* werden häufig im trop. Asien, letztere auch im trop. Afrika und Amerika angebaut. Vom Wachskürbis wird das Fruchtfleisch unreifer junger, aber auch reifer Früchte als Gemüse gedünstet. Vom Flaschenkürbis werden nur unreife Früchte als Gemüse gegart. Die bis über 1 m langen, schlangenartig verdrehten schmalen Früchte der *Schlangengurke (Trichosanthes cucumerina)*, Durchmesser 4-10 cm, findet man auf afrikanischen und besonders asiatischen Märkten, z. B. in Südindien und Sri Lanka. Die unreife weiß-grün gestreifte Frucht wird in Scheiben geschnitten und gekocht; sie ist z. B. in Indien als Kochgemüse geschätzt. Unter der Hindi-Bezeichnung *Koreila* (engl.: bitter gourd) werden in Indien zahlreiche Landsorten von *Momordica charantia* kultiviert. Die höckerig-knotige Frucht fällt bisweilen durch leuchtend bunte Fruchtfarben (karmin, goldgelb) auf. Wegen ihres Bittergehaltes müssen sie vor dem Kochen gewässert werden. Man findet die unreife Frucht, z. B. auf Märkten Indiens und Sri Lankas neben der Schlangengurke. Darüber hinaus werden in Asien weitere Momordica-Arten verzehrt. Abschließend sei auf die *Koloquinten (Citrullus colocynthis)* hingewiesen. Sie haben die Größe eines Hühnereis, eine gestreifte Schale und schmecken bitter. Sie spielten in der *Arzneikunst* vergangener Jahrhunderte eine große Rolle und wurden gegen viele Leiden verwendet. Später wurden Extrakte und Tinkturen daraus als Abführmittel benutzt. Sie waren noch als Fructus Colocynthidis im Deutschen Arzneibuch 6. Ausgabe (1926) aufgeführt, ein Zeichen ihrer alten Bedeutung. Auch dienten sie zur Bereitung einer homöopathischen Tinktur.

4.11. Wasserkastanien

Im Fernen Osten spielen seit langem die sog. Wasserkastanien (engl.: water chestnut) als Delikatesse eine Rolle.

Dabei handelt es sich in Indien und Sri Lanka um den gehörnten Samen von einjährigen Wasserpflanzen der Gattung *Trapa* (Fam.: *Trapaceae*), meist *Trapa bispinosa,* in Bengal als „Paniphal" und in Hindi als „Singhara" bezeichnet. Sie werden in stehenden Gewässern kultiviert; ihre Blätter schwimmen auf dem Wasser. Die hellfleischigen Nüsse von etwa 4-7 g Gewicht haben eine papierartige schwarzbraune Schale und ein starkes Nußaroma. Mit zunehmender Reife steigt der Stärkegehalt an und wird die Konsistenz fester; weniger reife Früchte weisen daher ein zarteres und süßeres Fleisch auf. 11 in Indien kultivierte Sorten enthielten an Stärke 3,6-5,6%, an Gesamtzucker 2,0-2,5% und an Acidität um 0,1%.

In China werden als „chinesische" Wasserkastanien („Matai") die unterirdischen Ausläuferknollen von *Eleocharis dulcis* (Fam.: *Cyperaceae*), die an feuchten, sumpfigen Standorten wächst, gehandelt und roh oder gegart verzehrt. Sie ähneln einer abgeplatteten Zwiebel, etwa 2 cm hoch mit einem Durchmesser von 2,5-4 cm. Das dunkelbraune Außengewebe läßt 4-6 Ringe erkennen. Die Knollen werden im Frühjahr in Südchina und Japan in stehenden Gewässern angepflanzt und nach 6-8 Monaten geerntet. Angaben über die Inhaltsstoffe siehe Tabelle 11.

Wasserkastanien gehören mit zu den wichtigsten Zutaten der ostasiatischen Küche. Sie finden z. B. bei der Herstellung von Back- und Teigwaren, in Fleisch- und Fischgerichten, in Suppen oder als Füllung von Geflügel Verwendung. Zusammen mit dünnen Bambusscheiben werden die geschälten Knollen aufgespießt auf fernöstlichen Märkten angeboten. In Indonesien sind sie in einer Reissoße, „Emping", bekannt. In Hongkong werden die Nüsse von *Trapa bispinosa* zum Fest des Vollmondes gegessen.

Geschälte Nüsse von *Trapa bispinosa*, in Scheiben geschnitten oder gewürfelt unter Kochsalzzusatz oder in Sojasoße in Dosen konserviert, werden aus südostasiatischen Ländern nach Europa exportiert.

Als *Wassernuß* werden die etwa 3 cm großen grauen oder braunen Samen von *Trapa natans* bezeichnet und ebenfalls gegessen. Während der Stein- und Bronzezeit soll die Wassernuß in Eurasien als Sammelpflanze viel genutzt worden sein; heute ist sie jedoch in Europa fast völlig verschwunden.

4.12. Bambus-Sprossen

Bambus ist in Ostasien weit verbreitet und gedeiht in zahlreichen Arten von den tropischen Gebieten Indiens bis zu den gemäßigten Japans. Bambus gehört zur Familie der Gräser *(Gramineae)*, wozu auch das Getreide zählt.

Bambusstiele wachsen bekanntlich sehr schnell und können 10–20 m erreichen. In unserem Gewächshäusern markiert man gern das tägliche Wachstum mit einer cm-Latte, wobei man schnell auf mehrere Meter kommt.

Bambus liefert nicht nur Baumaterial und Stäbe für Zierpflanzen, sondern auch eine Spezialität des Fernen Ostens, die Bambus-Sprossen (engl.: Bamboo shoots). Sie stammen von verschiedenen Bambus-Arten, wie *Phyllostachys pubescens* in Japan, *Dendrocalamus asper* in Indonesien und Malaysia, *Gigantochloa verticillata* und *apus* auf Java, *Bambusa arundinacea* in Indien, aber auch *Bambusa vulgaris*. Diese Pflanzen blühen nur selten und zwar in nicht voraussehbaren Abständen von 10 und mehr Jahren. Sie vermehren sich durch Rhizome (Wurzelstöcke).

In Japan nimmt ihre Produktion seit Jahren zu und erreichte 1977 über 37000 t. Etwa 70% davon wurden in Dosen naßkonserviert und zum Teil exportiert, z. B. nach Deutschland.

Beim Anbau läßt man einen Teil der Bambusstiele als Sonnenschutz hoch wachsen, während man den Boden mit einer dicken Laubschicht abdeckt. Aus den Niederblatt-Achseln der Rhizome bilden sich Schößlinge.

Sie werden als Bambus-Sprossen bezeichnet und gestochen, wenn sie die Laubschicht durchstoßen und noch bleich sind. Sie sind kegelförmig, hellgelb, fleischig, etwa 20-25 cm lang und haben einen Basisdurchmesser von etwa 7 cm. Die äußere Hülle besteht aus schuppenförmig übereinander eng anliegenden Niederblättern, die vor der Zubereitung abgeschält werden. Der elfenbeinfarbige zarte Kern wird in Stücke geschnitten und in Wasser 20-30 min gekocht. Einige Minuten vor Ende der Garzeit wird Kochsalz zugegeben.

Hauptsäure ist die Oxalsäure, die in japan. Bambus-Sprossen von 160 mg/100 g in der Basis bis auf 460 mg/100 g in der Spitze anstieg. In ähnlicher Weise nahm Citronensäure von 22 auf 230 mg/ 100 g zu, während Äpfelsäure außer in der Spitze mit etwa 100 mg/100 g enthalten war. - Fructose und Glucose kamen in der Hauptsache zu je 0,5% und Saccharose zu 0,2% vor. Bambus-Sprossen enthalten ein bitter schmeckendes blausäurehaltiges Glucosid, das beim Kochen zerstört wird.

In der chinesischen Küche sind Bambus-Sprossen fast unentbehrlich und werden häufig mit Bohnensprossen (siehe S. 117) und/oder Wasserkastanien (S. 102) zusammen verwendet. Auch werden sie, mit Essig und scharfen Gewürzen eingelegt, in Indien als „Achia" verzehrt.

Zu uns gelangen in Dosen konservierte Bambus-Sprossen zum Teil unter der Bezeichnung „Bambus-Schößlinge", in Stücke oder auch in Streifen geschnitten, meist über Hongkong, aus Taiwan, Japan oder USA. Außer naturell gibt es sie auch in Sojasoße oder Chillisoße im Handel. Bambus-Sprossen passen zu fast allen Gerichten. Sie können in einer hellen Soße serviert werden, die mit Kräutern, Zitronensaft oder Wein gewürzt ist, oder mit anderen Gemüsearten wie Porree, Möhren, Broccoli und Pilzen kombiniert werden. In Rahmsoße oder in Butter gedünstet, mit Pfeffer und Zitronensaft abgeschmeckt, können sie als Gemüse verzehrt werden. Oft werden sie zu Reis und herzhaft zubereiteten Fleisch- oder Geflügelgerichten serviert. Auch direkt in Fleischgerichten, Suppen, Frühlingsrollen, auf Toast oder in Salaten mit Sojasprossen, Ananas und Mandarinen finden sie Verwendung. In Suppen oder Soßen-Gerichten sollten Bambus-Sprossen einige Zeit miterhitzt werden, damit sie Würze annehmen.

4.13. Palmenherzen

Palmenherzen (auch Palmito oder Palmenmark genannt) werden bei uns konserviert in Dosen angeboten. Es handelt sich um das Mark aus dem etwa 30 cm langen Vegetationskegel (Gipfel) einer Reihe von Palmen-Arten.

Jede Palme hat nur ein „Palmenherz". Um dieses Luxusgemüse zu gewinnen, müssen 10- bis 15jährige Palmen umgeschlagen werden, denn sie sind nicht imstande, einen neuen Ersatzvegetationskegel zu bilden. Kommerzielle Pflanzungen von Palmito (*Euterpe edulis*) gibt es in Brasilien, Paraguay und in der argentinischen Provinz Misiones. Auch die Gipfelsprosse anderer Palmen-Arten wie *Euterpe oleracea, Attalea dubia, Syagrus oleracea, Bactris gasipaes, Acrocomia jumbos* und *Geonoma*-Arten werden genutzt.

Die letztgenannten Palmen-Arten fallen (nach Brücher) beim Roden von Urwäldern zum Straßenbau in Brasilien und Venezuela in solchen Mengen an, daß man zu ihrer Verwertung sogar Konservenfabriken in Urwaldnähe eingerichtet hat.

Die chemische Zusammensetzung der Palmenherzen von *Euterpe edulis* wurde mit 2,18% Rohprotein, 1,37% Asche, 1,0% Rohfaser und 12 mg/100 g Ascorbinsäure angegeben. Die Trockenmasse enthielt etwa 12% Gesamt- und 6% reduzierende Zucker.

Um das Palmenmark zart und weich zu gewinnen, werden Rinde und äußere Teile des Marks entfernt. Das Luxusgemüse „Palmenherzen" ist stangenförmig, wesentlich stärker als unser Spargel. – Palmenherzen können als eigenständiges Vorgericht wie als Beilage zu Hauptgerichten verzehrt werden. So werden Palmenherzen zu Reis und herzhaftem Fleisch serviert. Sie können mit Butter, heller Soße oder mit anderen Gemüsearten wie Erbsen und Karotten kombiniert und mit Käse überbacken werden. Für diese Verwendung sollten sie in Butter, evtl. unter Zugabe von Zwiebeln, angebraten werden, weil sie dann herzhafter schmecken. Für Salate mit Äpfeln und Paprika eignen sich Palmenherzen ebenfalls, oder mit Ananas, Bambus-Sprossen, Hühnerfleisch und Ei.

Weil die Rodung der Palmen allein zur Gewinnung der Palmenherzen eine große Verschwendung darstellt, wurde versucht, auch die zarteren inneren Teile des Stamm-Marks von *Euterpe edulis* zu verwerten. Bei Verwendung in gegarten Gerichten sollen sich in Geschmack und Konsistenz keine Unterschiede gegenüber Palmenherzen ergeben haben, wenn die Kochzeit erhöht wurde.

4.14. „Spinat"

Wie Spinat werden in den Tropen die Blätter einer größeren Zahl von Pflanzenarten aus mehreren Familien verzehrt, wobei zum Teil der gleiche fremdsprachige (englische) Name für unterschiedliche Arten verwendet wird wie chinesischer, afrikanischer, indischer ect. Spinat.

Eine gewisse Rolle spielen in Südostasien, aber auch in Afrika, z. B. Nigeria, und dem tropischen Amerika die Blätter verschiedener Fuchsschwanzarten (Fam.: *Amaranthaceae*), von denen wir Vertreter als Zierpflanzen kennen. Hauptsächlich werden die 4-10 cm langen herzförmigen, an der Basis spitzzulaufenden Blätter von *Amaranthus tricolor* als sog. „Chinesischer Spinat" verzehrt. Die Hauptbedeutung der Amaranthus-Arten liegt indessen bei ihren Samen, die von Eingeborenen in Zentral- und Südamerika seit Jahrhunderten wie Getreide verwendet werden.

Im tropischen Asien spielen weiterhin die grünen oder rotgrünen Blätter von *Basella alba* (Fam. *Basellaceae*) als „Ceylon bzw. Malabar Spinat" oder „Indischer Spinat" eine Rolle. Die fleischigen Blätter sind rund-oval, herzförmig, 5-10 cm lang. Ihr Gehalt an Calcium und β-Carotin entspricht dem der Amaranthus-Arten. Sie werden als Gemüse zu Fleisch- und Fischgerichten verzehrt. Häufig werden die grünen Blätter als von *Basella alba* und die rotgrünen als von *Basella rubra* bezeichnet.

In Südostasien und China ist Kang Kong, der „Wasserspinat" (*Ipomoea aquatica;* Fam.: *Convolvulaceae*), mit etwas Öl und Knoblauch als Spinatgemüse oder auch als Salat zubereitet, eingelegt oder als Suppe gekocht, beliebt. Seine Blätter sind schmal herzförmig, spitz zulaufend und 7-14 cm lang.

Bei uns relativ gut bekannt ist der Neuseeländer Spinat (*Tetragonia tetragonioides;* Fam.: *Aizoaceae*), der hauptsächlich in Asien und Amerika angebaut wird. Er stellt eine kriechende, üppige Pflanze mit fleischigen, dunkelgrünen, spitz zulaufenden glatten Blättern dar, die bis 10 cm lang und 7,5 cm breit werden. Sie können den ganzen Sommer über geschnitten werden.

In Japan und China werden die jungen, breiten, gezähnten Blätter der einjährigen Garland-Chrysantheme oder Kimtschi (*Chrysanthemum coronarium;* Fam.: *Asteraceae*) als Salat oder wie Spinat verwendet, insbesondere als Beilage zu Rohfischgerichten oder zu chinesischen Nudeln. Als Blattgemüse werden in den Anbauländern auch die Blätter von Cassave (S. 97), Batate (S. 95), Taro (S. 98) und Sesam *(Sesamum indicum)*, einer bekannten Ölpflanze, genutzt. Sesamblätter werden in Deutschland als exotisches Gemüse gehandelt.

In Ägypten ist Molokhia (*Corchorus olitorius;* Fam.: *Tiliaceae;* engl. Jew's mallow oder Jute) ein beliebtes Blattgemüse. Es wird auch im Sudan und anderen Ländern des trop. Afrika und trop. Asiens wie Malaysia angebaut. Die meist einjährige Pflanze wird bis 1,5 m hoch und trägt bis 20 cm lange und bis 7 cm breite gezähnte, mit einer Spitze versehene schleimhaltige Blätter. Molokhia wird wie Spinat oder als Suppe gekocht und mit Reis verzehrt. Es wird in Dosen oder tiefgefroren nach Deutschland importiert. Die Blätter enthalten einen beträchtlichen Gehalt an Eiweiß (bis ca. 5 g/100 g), Calcium (ca. 300 mg/100 g) und β-Carotin (Provitamin A, ca. 7 mg/100 g Frischgewicht).

4.15. Weitere Gemüsearten

Die Familie der *Apiaceae* (früher *Umbelliferae*) liefert als Wurzelgemüse uns Möhren, Sellerie und Petersilienwurzeln. Von der gleichen Familie werden in den kühlen tropischen Gebirgen Südamerikas die Seitenwurzeln der *Arracacha (Arracacia xanthorrhiza)* als wohlschmeckend geschätzt. Sie werden aus einem relativ kleinen Wurzelstock gebildet, sind etwa 12-20 cm lang und 6-8 cm dick und enthalten neben wenig Eiweiß (1%) etwa 15-20% Stärke. In ihrer äußeren Erscheinung ähnelt die bis 1 m hohe Pflanze dem Sellerie. In den Anden wird die Arracacha hauptsächlich als Eintopf- oder Pfannengericht zubereitet, in Kolumbien als „cocido". Geschmacklich eine Kombination aus Sellerie, Möhre und Pastinake und wie Kartoffeln verwendet, könnte die Arracacha eine Bereicherung der europäischen Gemüsepalette bringen.

Wie Sellerieblätter oder Petersilie werden in Japan aus der gleichen Pflanzenfamilie die Blätter des japan. *Honewort* oder *Mitsuba (Cryptotaenia japonica)* in Suppen und zu Salaten verwendet.

Die fleischigen, bis 60 cm langen Rhizome von *Achira* (Kapacho; *Canna edulis,* Fam.: *Cannaceae*) werden von den Indios Südamerikas gebakken und als Leckerbissen verzehrt. Auch sie enthalten neben wenig Eiweiß (1%) etwa 25% Stärke und können wie Kartoffeln zubereitet werden.

Ein enger Verwandter unseres Radieschens und unseres Rettichs, der *chinesische* oder *japanische Rettich (Raphanus sativus var. longipinnatus;* Fam.: *Cruciferae*), auch Orient-Rettich genannt, zählt in Japan als „Daikon" zu den mit am meisten verzehrten Gemüsearten. Seine 15-50 cm langen cylindrischen, in der Regel weißen Sproßknollen wiegen normalerweise bis etwa 2 kg. Einige japanische Sorten erreichen wesentlich höhere Gewichte (bis 20-25 kg). Wie in unseren heimischen Radieschen und Rettichen ist der Nitrat-Gehalt auch in japan. Rettichen relativ hoch; es wurden etwa 70 mg/100 g angegeben.

Der japan. Rettich ist sehr mild. Er kann roh zu Salaten oder, in Scheiben oder Würfel geschnitten, gedünstet werden. So zubereitet wird er als Gemüsebeilage zu Fleisch-, Geflügel- und Fischgerichten oder als Suppeneinlage verwendet. Er kann aber auch zu Pickles oder z. B. mit Kochsalz und Reiskleie durch einen Fermentationsprozeß zu „Shinzuke takuan" verarbeitet werden.

Das Gemüse gelangt aus China in vielfältiger Form konserviert, z. B. als Rettich in (Soja)-Soße, Rettichstücke in Salzlake oder auch als getrockneter Rettich, zu uns. Er kann auch in Deutschland angebaut werden.

Als *Crosne*, Knollenziest oder Japanknollen werden die bis 7 cm langen und 1-2 cm breiten, knollig verdickten Ausläufer von *Stachys sieboldii* (Fam.: *Lamiaceae*) gehandelt. Sie werden z. B. aus Frankreich importiert. Crosnes enthalten bis etwa 75% Wasser, neben 4% Protein und 0,2% Fett hauptsächlich Kohlenhydrate, vor allem Stachyose.

Crosnes können als Gemüsebeilage mit Butter, Kräutern, gedämpft oder gebraten, als Salat, z. B. mit Äpfeln, Sellerie etc., und als Dessert zubereitet werden. In Japan werden sie auch eingelegt und süß verzehrt. – Vor jeder Zubereitung sollten sie durch Reiben in einem Tuch mit grobem Salz gereinigt und anschließend gewaschen werden, da ein Schälen wegen der stark zerklüfteten Oberfläche nicht möglich ist.

In der Türkei, in Griechenland und Ägypten werden *Weinblätter* des Weinstocks (*Vitis vinifera;* Fam.: *Vitaceae*) in Salzlake eingelegt. Hierzu wird im Mai und Juni das dritte oder vierte zarte Blatt junger Weintriebe geerntet. Es hat die erforderliche Größe und ist nicht zäh wie die älteren Blätter. Weinblätter werden bei uns in den Türkenläden angeboten. Sie werden gern gerollt mit Lammfleisch, Reis und Dill gefüllt. Vor dem Füllen müssen sie unter fließendem Wasser abgespült werden, die Füllung selbst ist etwas schwächer zu salzen. Auch gibt es z. B. „Weinblätter mit Reis" in Dosen bei uns zu kaufen. (Bei der häuslichen Bereitung der Salzgurken – Saure Gurken – werden bei uns gelegentlich auch Weinblätter neben Dill mitverwendet.)

Von der *Indischen Lotusblume* (*Nelumbo nucifera;* Fam.: *Nymphaeaceae*) finden die ovalen, etwa 1,5 cm langen einsamigen Nüßchen (Lotusnüsse) und die kräftigen stärkereichen Rhizome Verwendung. Jede einzelne Blüte der in Teichen wachsenden und seit Jahrtausenden im Nahen wie Fernen Osten geschätzten und kultivierten Pflanzen bringt 10-30 weiße Nüßchen hervor. Die geschälten Nüßchen werden in der ostasiatischen Küche als Beilagen zu süßen und salzigen Speisen gereicht. Nach Deutschland sind sie als Konserve in süßem Aufguß eingeführt worden, z. B. als „Lotusfrüchte in Sirup" aus China. – Die noch nicht vollreifen Lotusnüsse werden vor dem Schälen 5 min in heißem Wasser eingeweicht. Das recht bitter schmeckende, grüne Herz (Keim) läßt sich aus dem blaßgelben Fruchtfleisch mit einem spitzen Gegenstand entfernen. Reifere Nüsse werden geröstet oder gekocht, z. B. zu Fleisch- und Fischgerichten, mit weiteren Zutaten als Füllung für Geflügel- und Fischgerichte und als Suppeneinlage verwendet.

„Lotuswurzeln" sollen besonders gut zu kurzkörnigem Klebereis schmecken, der als Süßspeise zubereitet wird. Auch dienen sie als Gemüse, Suppeneinlage und als Beilage zu Fleischgerichten.

Von der *Roselle (Hibiscus sabdariffa;* Fam.: *Malvaceae*), einer einjährigen Pflanze von etwa 1,5–2,5 m Höhe, werden die fleischigen, leuchtend roten Knospen (mit verdickten Kelchblättern) verzehrt oder zur Herstellung von Konfitüren und Gelees von brilliant roter Farbe und angenehm säuerlichem Geschmack sowie von Getränken („Rosella" genannt) verwendet. Auch kann man aus Roselle Sirup und Wein bereiten.

Die Roselle ist im Geschmack sehr sauer und besitzt nur wenig Zucker. Der Wassergehalt wurde mit 91% und der Eiweißgehalt mit 1,0% angegeben. Der Gehalt an Vitaminen der B-Gruppe und an C sowie an β-Carotin ist gering.

Abschließend seien kurz die *grünen Pfefferschoten* erwähnt, die z. B. in der Türkei in erheblichem Umfange angebaut werden. Sie sind eine Varietät des grünen bzw. roten Gemüsepaprikas (*Capsicum anuum;* Fam.: *Solanaceae*) und durch die Türkenläden wohl bekannt. Die scharf schmeckenden Früchte sind linear-länglich und über 9 cm lang. Sie geben den Gerichten den pfeffrig-scharfen Geschmack.

Literatur

von Barsewisch, G.: Exotische Früchte und Gemüse in unserer Küche. München: Mosaik-Verlag 1975
Brücher, H.: Tropische Nutzpflanzen. Ursprung, Evolution und Domestikation. Berlin-Heidelberg-New York: Springer 1977
Chan, jr., H. T.: Handbook of Tropical Foods. New York-Basel: Marcel Dekker 1983
Herklots, G. A. C.: Vegetables in South-East Asia. London: Allen & Unwin 1972
Kranz, B.: Exotische Früchte und Gemüse. München: Südwest-Verlag 1969
Purslove, J. W.: Tropical Crops: Dicotyledons, London: Longman 1976
Purslove, J. W.: Tropical Crops: Monocotyledons. London: Longman 1975
Souci, S. W., Fachmann, W., Kraut, H.: Die Zusammensetzung der Lebensmittel. Nährwert-Tabellen 1981/82, 2. Aufl., bearbeitet von Scherz, H., Kloos, G. Stuttgart: Wiss. Verlagsges. 1981
Tindall, H. D.: Vegetables in the Tropics. London: Mac-Millan Press 1983
Watt, B. K., Merrill, A. L.: Composition of Foods, raw, processed, prepared. Agric. Handbook No. 8. Washington: US Dept. Agric. 1963

5. Leguminosen/Hülsenfrüchte/Sojabohnenprodukte

Die Hülsenfrüchte Erbsen, (weiße) Bohnen und Linsen kennt jeder. Wenn wir die Samen oder Früchte in unreifem Zustande verzehren, als Gemüseerbsen, grüne Bohnen oder Puffbohnen, sprechen wir von Gemüse. Sie alle gehören zur Familie der Schmetterlingsblütler (*Faboideae*, früher *Papilionaceae*), die zur Ordnung der Leguminosen zählt. In den Tropen und Subtropen werden zahlreiche Leguminosensamen als „Bohnen" gehandelt. So weist Brücher darauf hin, daß *„es einem ungeübten Auge nicht leicht fällt, die gemeinhin als ‚Bohnen' bezeichneten tropischen Leguminosen-Samen auseinanderzuhalten. Auf den Eingeborenenmärkten werden sowohl die Gattungen Phaseolus, Vigna, Vicia, als auch Cajanus, Lablab oder Dolichos in den betreffenden Landessprachen als ‚Bohnen' geführt. Hingegen bezeichnen die Europäer als Bohnen nur Angehörige der Gattung Phaseolus"*. Wir wollen uns hier im wesentlichen auf Gartenbohnen, Mungbohnen, Limabohnen, Kichererbsen und auf Sojabohnen, aus denen in Ostasien die unterschiedlichsten Lebensmittel hergestellt werden, beschränken.

Leguminosensamen sind nicht nur eine für die Ernährung der Weltbevölkerung besonders in notleidenden Gebieten sehr bedeutende Eiweißquelle, sondern auch eine der wichtigsten Quellen für Thiamin (Vitamin B_1). Es zählt neben dem Vitamin A bzw. Provitamin A (β-Carotin) zu den Vitaminen, die häufig in Lebensmitteln in sehr unzureichenden Mengen auftreten, dafür aber in einer kleinen Zahl anderer Lebensmittel in erheblichen Konzentrationen vorkommen. Man ist daher gezwungen, diese kleine Zahl von Lebensmitteln auch in unserer Ernährung ausreichend zu berücksichtigen, um keinen Mangel an beiden Vitaminen zu erleiden.

5.1. Bohnen

Wenn wir von Bohnen sprechen, meinen wir die gemeine *Gartenbohne (Phaseolus vulgaris)*, eine von vielen *Phaseolus*-Arten, bei weitem aber die bedeutendste (Weltproduktion 1984 15,5 Mio. t trockene Bohnen). Bohnen waren in Europa unbekannt, ehe Amerika entdeckt wurde! Amerika ist die Heimat vieler *Phaseolus*-Arten. Wir unterscheiden grüne und gelbe (Wachs-)Bohnen und im Anbau Busch- und Stangenbohnen. In der englisch sprechenden Welt wird die Bohne „Common bean" oder nur „Bean" genannt.

Bohne ist nicht gleich Bohne. Unreif verzehren wir sie als grüne, Schnitt- oder Brechbohnen und ihre reifen Samen kennen wir hauptsächlich als weiße Bohnen. Dabei sind die Samen unserer Gartenbohnen häufig nicht weiß, sondern farbig – von hellgelb bis dunkelrot – oder in verschiedenen Farben gesprenkelt. Solch bunte Bohnen dienen in manchen Ländern kurz vor der Reife oder wie die weißen Bohnen vollreif, z. B. die roten Kidney-Bohnen, als Nahrungsmittel und werden auch nach Deutschland importiert.

Die Mungbohne (*Phaseolus aureus;* oft als *Vigna radiata* bezeichnet) hat 5–10 cm lange schmale, fast zylindrische, etwas gebogene Hülsen, die strahlig vom Stengel abstehen. Sie enthalten grüne oder auch gelbe kleine runde Samen. Mungbohnen werden wie die ähnliche Urdbohne (*Phaseo-*

Tabelle 12. Die durchschnittliche Aminosäuren-Zusammensetzung der Proteine reifer Hülsenfrüchte in g Aminosäure/100 g Protein sowie die von Sojasoße

	Bohne	Mungbohne	Limabohne	Sojabohne	Erbse	Kichererbse	Sojasoße (mit 1,6% Gesamt-N) g/100 g Sojasoße
Alanin	4,2	4,3	4,3	4,4	4,6	4,6	0,45
Arginin	6,4	7,3	4,3	6,9	9,6		0,30
Asparaginsäure	12,7	11,7	17,5	12,4	11,3	12,8	0,64
Cystin	1,1	1,4	1,5	1,4	1,5	1,4	
Glutaminsäure	16,6	15,8	14,8	19,8	17,4	18,5	1,20
Glycin	3,9	4,0	5,3	4,5	4,4	4,2	0,27
Histidin	2,7	2,7	2,8	2,7	2,4	2,9	0,10
Isoleucin	4,7	4,5	3,6	4,5	4,0	4,9	0,40
Leucin	8,3	7,5	7,5	7,9	7,2	7,6	0,72
Lysin	7,1	6,9	6,6	6,6	7,1	6,0	0,48
Methionin	1,1	1,0	0,9	1,2	1,0	1,4	0,13
Phenylalanin	5,4	5,8	4,7	4,9	4,6	6,5	0,35
Prolin	3,9	4,2	3,7	5,3	4,6	4,2	0,56
Serin	5,8	5,1	7,5	5,3	5,2	4,8	0,40
Threonin	4,2	3,8	3,4	3,6	3,6	3,5	0,32
Tryptophan	1,2	0,8		1,4	1,0	0,8	
Tyrosin	3,2	2,9	3,6	3,4	3,1	2,3	0,05
Valin	5,1	4,5	3,8	4,9	4,7	4,8	0,48

lus mungo; engl.: Black gram) mit schwarzen Samen in Süd- und Ostasien, besonders Indien, und in Ostafrika viel angebaut, sind aber in Europa und Amerika wenig bekannt. Charakteristisch für die Pflanze ist ihr schnelles Wachstum. Schon nach 60 Tagen können die Bohnen geerntet werden. Mung-Bohnen (in Indien: Mung dal; engl.: Green oder golden gram je nach Farbe der Samenschale) werden in Suppen verzehrt oder geröstet zu süßen und pikanten Gerichten gereicht. In Japan ist die ähnliche *Adzukibohne (Phaseolus angularis)* mit dunkelroten Samen nach Soja die wichtigste Leguminose. Als Trockenbohne wird sie oft mit Reis gegart.

In einigen Ländern Südostasiens läßt man die Bohnen zu 3-6 cm langen Bohnensprossen keimen (s. S. 117) und verwendet diese z. B. zu Salaten. Sie werden auch in Dosen naßkonserviert, wobei der Verlust an Vitamin C beträchtlich ist. Ihre Aminosäuren-Zusammensetzung entspricht weitgehend der der Samen.

Die *Limabohne,* Mondbohne, Rangoonbohne (*Phaseolus lunatus;* Syn.: *Phaseolus limensis*) hat kurze sichelförmig gebogene Hülsen, die mit einer langen Spitze auslaufen. Sie enthalten nur wenige (2-4) flache, meist 1-2,5 cm lange, oft weiße, aber auch andersfarbige oder gefleckte Samen. Diese sind außerordentlich unterschiedlich in Größe, Farbe und Form, doch haben sie stets Rillen und Streifen.

Limabohnen, aus Mittelamerika stammend, sind seit indianischer Vorzeit von großer Bedeutung für die Ernährung der südamerikanischen Eingeborenen. Die Vorliebe wurde von den Einwanderern übernommen; so spielen Limabohnen auch heute noch in der amerikanischen Ernährung als Gemüse eine Rolle. Außerhalb Amerikas haben sie nur geringe Bedeutung. Limabohnen werden auch in Dosen oder durch Tiefgefrieren konserviert. Nach Brücher, der als Deutscher in Südamerika lebt, ist die Limabohne *„seit der indianischen Frühzeit sowohl für die Diät der amerikanischen Urbevölkerung als auch zur Übermittlung von Nachrichten, als Spielbohne (chuvis) und als künstlerisches Symbol (Keramiken der Mochica-Indianer aus Nazca und Paracas) von eminenter Bedeutung".*

Limabohnen enthalten Phaseolunatin, ein *Blausäureglykosid,* aus dem auf enzymatischem Wege die giftige Blausäure freigesetzt werden kann, was dem Verbrauch an Limabohnen zeitweise beträchtlichen Abbruch getan hat. In modernen Sorten ist der Phaseolunatingehalt durch Züchtung sehr stark gesenkt worden, sodaß sie praktisch ungiftig sind. Limabohnen der Wildtypen sollten indessen lange gekocht und zusätzlich sollte das Kochwasser gewechselt werden.

Tabelle 13. Durchschnittliche Zusammensetzung der Hülsenfrüchte (Leguminosen-Samen) und Sojamilch

		Empfehlungen für die Nährstoffzufuhr der DGE pro Tag		Reife Samen						Unreife Samen		Sojamilch
		m	w	Bohne	Mungbohne	Limabohne	Sojabohne	Erbse	Kichererbse	Limabohne	Sojabohne	
Wasser	%			12	12	11	9	11	11	68	69	92,4
Verdauliche Kohlenhydrate	%			56		50	26	57	57	22	13	2,2
Rohprotein	%			20–24	22–24	19	32–38	23	20	8,4	10,9	3,4
Rohfett	%			1,6	1,0	1,1	18	1,4	5	0,5	5,1	1,5
Asche	%			3,9	3,5	3,7	4,7	2,7	2,7	1,5	1,6	0,5
Kalium	mg/100 g	3000–	4000	1300	1300	1700	1750	940	800	650		
Calcium	mg/100 g	800	800	105	100	85	260	80	140	52	67	21
Magnesium	mg/100 g	350	300	130	170	165	250	115	140	67		
Phosphor	mg/100 g	800	800	430	330	320	590	380	330	140	225	48
Eisen	mg/100 g	12	18	6,1	8,0	5,9	8,6	5,0	6,5	2,8	2,8	0,8
Thiamin	mg/100 g	1,4	1,2	0,60	0,45	0,45	1,00	0,76	0,50	0,24	0,44	0,08
Riboflavin	mg/100 g	1,7	1,5	0,20	0,20	0,13	0,30	0,27	0,15	0,12	0,16	0,03
Niacin	mg/100 g	18	15	2,1	2,0	2,5	2,5	2,8	1,5	1,4	1,4	0,2
Vitamin C	mg/100 g	75	75	0	0	0	0	0	0	29	29	0

5.2. Kichererbsen

Die Kichererbse *(Cicer arietinum)*, engl.: „Chick pea" oder „Bengal gram", war in Deutschland vor einigen Jahren noch unbekannt. Durch die steigende Zahl an Gastarbeitern, die ihre „Spezialitäten" mit nach Deutschland brachten, hat die Kichererbse an Bekanntheit gewonnen, wenn sie auch bei uns selten in der Küche verwandt wird (Kochzeit 1-3 Stunden). In Indien, anderen subtropischen Gebieten und den Ländern des Mittelmeerraumes zählt sie mit zu den Hauptnahrungsmitteln der ärmeren Bevölkerung. Dort wird sie oft mehr als Erbse oder Ackerbohne und kaum weniger als die Phaseolus-Bohnen angebaut. So betrug 1984 die Weltjahresproduktion 6,5 Mio. t!

Zur menschlichen Ernährung dienen hauptsächlich weißblühende Sorten von weißer Kornfarbe und runzeliger Kornform. Die Samen können verschieden groß sein, etwa 4-10 mm im Durchmesser; das Tausendkorngewicht beträgt 200-500 g. Die 2-3 cm langen und 1-2 cm breiten, leicht aufgeblähten Hülsen bringen 1-3 Samen hervor.

Kichererbsen können ähnlich wie Trockenerbsen als Brei oder für Suppen verwendet werden. Mit Salz geröstet werden sie in den Ländern des Nahen Ostens in großen Mengen verbraucht. Aus Kichererbsen, zerriebenen Sesamsamen, Wasser, Zitronensaft und etwas Knoblauchpulver wird im Vorderen Orient „Hommos" als Brei bereitet, der sich übrigens gut tiefgefrieren läßt.

5.3. Sojabohnen

Die Sojabohne (*Glycine max;* Syn.: *Glycine hispida* = *Soja hispida*) ist vor langer Zeit zuerst in China und später auch in Japan kultiviert worden. Ende des letzten Jahrhunderts hat sich ihr Anbau in Ostasien und später vor allen in USA erheblich ausgedehnt. Dabei kam sie erst nach 1800 als botanische Kuriosität in die USA, wo ihr Anbau in den letzten Jahrzehnten einen ungeheuren Aufschwung aufgrund intensiver Züchtung und moderner Anbaumethoden nahm.

Die jährliche Weltproduktion an Soja betrug in Mio. t:

1934/38	12	1965	37
1948/52	16	1975	65
1953/57	21	1985	90

1984 wurden in den USA, dem heutigen Hauptexportland, über 50 Mio. t Soja geerntet. Beträchtliche Mengen werden auch in China, Argentinien, Indien und Brasilien produziert. In die Bundesrepublik Deutschland sind 1973 2,8 Millionen t mit einem Handelswert von etwa 1,5 Milliarden DM, hauptsächlich aus USA, eingeführt worden, 1978 waren es schon 3,6 Millionen t, eine Tatsache, die weitgehend unbekannt ist.

Die von keiner anderen Kulturpflanze erreichte Verbindung eines *hohen Eiweiß- und Fettgehaltes* und deren vielseitige Verwendung als Nahrungsmittel lassen auch in Zukunft eine weitere Ausdehnung der Anbaufläche und damit der Erträge erwarten.

Sojabohnen sind einjährig und entsprechen im Aussehen unseren Buschbohnen. Aus den sehr kleinen schmetterlingsartig ausgebildeten unscheinbaren, häufig weißen Blüten entstehen 3-6 cm lange, dicht behaarte Hülsen von länglicher, gedrungener Gestalt. Sie enthalten meist 2-3 Samen von wechselnder Größe (5-12 mm lang), Form und Farbe. Der Handel bevorzugt hellpigmentierte, große Samen.

Reife Sojabohnen weisen im Durchschnitt etwa 35% Eiweiß und 18% Öl auf. Trotz des relativ geringen Ölgehaltes steht die Produktion von Sojaöl heute an der Spitze aller pflanzlichen Ölgewinnung. Gereinigtes Sojaöl ist ein ausgezeichnetes Speiseöl mit einem hohen Anteil an essentiellen Fettsäuren. An Fettsäuren sind etwa 53% Linolsäure, 7% Linolensäure, 22% Ölsäure, 11% Palmitinsäure und 5% Stearinsäure enthalten.

Sojaeiweiß ist biologisch wertvoll. Es wird anstelle und zur Ergänzung tierischer Eiweißträger vielfältig verwendet. Aus ihm kann „Kunstfleisch" (TVP = textured vegetable protein; fleischähnliches strukturiertes Protein) hergestellt werden, das sich als Einlage zu Suppen und Soßen eignet. Auch gibt es entfettetes Voll-Sojamehl sowie Sojaflocken und Sojaschrot, auch schon Brot mit Sojazusatz.

Unter den Vitaminen ist - wie in anderen Leguminosensamen - der hohe Gehalt an Thiamin (Vitamin B_1) bemerkenswert.

Tabelle 14. Typische Zusammensetzung von entfettetem Sojabohnenmehl und Sojabohnen-Konzentrat

		Entfettetes Sojabohnenmehl	Sojabohnen-Konzentrat
Wasser	%	5,10	8,0
Eiweiß	%	51	64,9
Fett	%	1	0,3
Kohlenhydrate	%	32-34	20,8
Rohfaser	%	3,2	
Asche	%	5,8	6,0

In Ostasien ist die Sojabohne seit langem ein bedeutendes Lebensmittel. *Unreife Sojabohnen* („Edamame") können als Gemüse wie frische Erbsen zubereitet und verzehrt werden; auch ist Naß- und Gefrierkonservierung möglich. *Reife Sojabohnen* sind schwer verdaulich und müssen zum Verzehr eingeweicht und etwa 3 Stunden gekocht werden. Man kann Sojabohnen trocken oder in Öl rösten und salzen. So werden geröstete und gepulverte Sojabohnen in Japan als „Kinako" mit Zucker auf Reiskuchen oder gekochtem Reis verzehrt.

Meist werden aber Sojabohnen – auch im ostasiatischen Raume – nicht direkt als Nahrungsmittel verwendet wie etwa Erbsen, Bohnen und Linsen, sondern in vielfältiger Weise zu einer beträchtlichen Zahl traditioneller Sojaprodukte des Fernen Ostens verarbeitet. Hierbei unterscheidet man grundsätzlich zwei Gruppen, fermentierte und nichtfermentierte. Ohne einen Fermentationsprozeß werden z. B. Sojamilch und Tofu, durch einen Fermentationsprozeß andererseits z. B. Sojasoße, Miso, Sufu, Tempeh und Natto gewonnen.

5.4. Sojabohnensprossen (Sojabohnenkeimlinge)

Hierzu läßt man reife kleinsamige Sojabohnen etwa 6 Stunden oder über Nacht in 5 Teilen Wasser vorquellen, bringt die abgetropften Sojabohnen in eine Plastikschale und verschließt diese mit einem Tuch oder locker mit Aluminiumfolie, um stärkere Lichteinwirkung auszuschließen. Während der folgenden Keimung müssen die Samen täglich ein- bis zweimal mit handwarmem Wasser gespült werden (Wasser 15 min einwirken lassen und dann weggießen). Bei ausreichender Feuchthaltung bilden sich bei Zimmertemperatur in etwa einer Woche 3-6 cm lange helle Keime, die in Japan „Moyashi" genannt werden. In gleicher Weise lassen sich ebenfalls die Bohnensprossen aus Mungbohnen und anderen Bohnenarten, ja auch aus Erbsen gewinnen.

Sojabohnensprossen spielen in der chinesischen Küche und deren Mischgemüse eine große Rolle. Sie gelangen als „Sojabohnenkeimlinge" und als Bestandteil des „Chinesischen Gemüses" in Dosen nach Deutschland. Bohnensprossen kann man zu Reis und kräftig gewürztem Fleisch (Braten, Geflügel) servieren oder zu Salaten verarbeiten. Hierzu werden die Sprossen zunächst mit Butter gedämpft oder überbrüht und dann mit der jeweiligen Soße, z. B. Sojasoße, angerichtet. Die Sprossen kann man mit anderem, sehr klein geschnittenen Gemüse strecken. Auch für Salate werden die Sprossen zuvor überbrüht.

Sojabohnensprossen (bzw. Mungbohnensprossen) enthalten etwa 0,12 (bzw. 0,10) mg Thiamin, 0,06 (0,010) mg Riboflavin, 0,4 (0,5) mg Niacin und 15 (20) mg Ascorbinsäure in 100 g Frischsubstanz, wobei die Literaturangaben stark schwanken.

5.5. Sojamilch und Tofu

In vielen Ländern der Welt, vor allem dort, wo es an Kuhmilch mangelt, ist *Sojamilch,* ein typisch ostasiatisches Produkt, auf dem Vormarsch.

Mit Milch, wie wir sie kennen, hat Sojamilch nichts zu tun; sie ist genau genommen ein wäßriger Sojabohnen-Extrakt: Hellfarbene Sojabohnen werden gründlich gewaschen und über Nacht eingeweicht. Dann werden sie mit wenig Wasser fein gemahlen, und es wird heißes Wasser zugegeben, bis etwa die 10fache Menge an Wasser gegenüber den eingesetzten Sojabohnen erreicht ist. Nach Aufkochen in dampfbeheizten Kesseln wird die Sojamilch abzentrifugiert, pasteurisiert und homogenisiert. Auch wird von trocken gemahlenen Sojabohnen ausgegangen.

Aus Sojamilch können auch Sauermilchgetränke und -produkte wie Joghurt hergestellt werden.

Für den interessierten Europäer ist Sojamilch ein neuartiges Getränk. Es entspricht nicht den Anforderungen, die an eine optimale Ernährung der Kinder zu stellen sind und wie sie durch Kuhmilch erfüllt werden. Besser geeignet zur Kleinkinderernährung ist eine Mischung aus Kuhmilch und Sojamilch.

Tofu ist eines der bedeutendsten traditionellen Lebensmittel Chinas, wo es seit etwa 2000 Jahren bekannt sein soll. In Japan werden fast 500 000 t Sojabohnen jährlich für Tofu und Lebensmittel auf Tofu-Basis verbraucht.

Zur Bereitung von Tofu wird das Eiweiß aus Sojamilch bei 70–80 °C durch Zugabe von Calcium- oder Magnesiumsulfat langsam ausgeflockt und in Formen von der Molke abgepreßt. Das quarkähnliche Produkt wird einige Zeit in fließendem Wasser ausgewaschen, ehe es unter Wasser portioniert wird.

Es gibt eine Reihe von Tofu-Typen, die sich in Geschmack, Konsistenz und Verwendung unterscheiden. Dabei ist der übliche chinesische Tofu etwas fester als der japanische. Tofu paßt zu Gemüse- und Reissalaten, Suppen, Soßen, Fisch, Geflügel und Eier-Gerichten. Vielseitig wird auch vorfritierter Tofu (Tofuschnitzel, Tofuburger, Tofutaschen) verwendet. Die Zubereitungsarten variieren von Kochen über Dämpfen bis hin zum Gril-

Tabelle 15. Zusammensetzung traditioneller nichtfermentierter Sojabohnenprodukte und Miso

	Wasser %	Eiweiß %	Fett %	Lösliche Kohlenhydrate %	Rohfaser %	Asche %
Seidentofu (Kinugoshi)	88,8	6,0	3,5	1,9	0	0,6
Tofu, fest (Doufu)	79,3	10,6	5,3	2,9	0	0,9
Aburage (fritierte Tofutaschen)	44,0	18,6	31,4	4,5	0,1	1,4
Kori-Tofu (Trocken-Tofu)	10,4	53,4	26,4	7,0	0,2	2,6
Yuba (koagulierter Film der Sojamilch, getrocknet)	8,7	52,3	24,1	11,9	0	3,0
Kinako (Pulver aus gerösteten Sojabohnen)	5,0	38,4	19,2	29,5	2,9	5,0
Miso	42–47	13	5	19–36	–	7–14 (NaCl)

len. Auch kann man Tofu tiefgefroren kaufen. In Japan wird der übliche Tofu (Momen-Tofu) auch ohne Garprozeß direkt verzehrt. Er ist weiß, weich und brüchig und so mild im Geschmack, daß man ihn weltweit in den nationalen Küchen verwenden kann. Eisgekühlter frischer Tofu schmeckt am besten an heißen Sommertagen.

Unterdessen gibt es in Japan einen Instant-Trockentofu, praktisch eine sprühgetrocknete Sojamilch. Aus ihm kann der Verbraucher zuhause leicht Seidentofu bereiten, einen besonders weichen Tofu, der üblicherweise ohne Preßvorgang gewonnen wird.

Yuba bildet sich als cremefarbene Haut auf der Oberfläche dicker Sojamilch beim Erhitzen in flachen Pfannen. Es schmeckt am besten, wenn es ganz frisch und warm verzehrt wird. Üblicherweise wird es in getrockneter Form als Rollen, Streifen, Blätter, Flakes etc. gehandelt und gegart (oft fritiert) verzehrt.

5.6. Durch Fermentation gewonnene Sojaprodukte

Im ostasiatischen Raume wird ein großer Teil der Sojaprodukte traditionell unter Einsatz von Mikroorganismen (Schimmelpilze, Hefen, Bakterien) gewonnen. Diese Verfahren basieren auf dem mehr oder weniger starken Abbau der Proteine und Polysaccharide durch Enzyme der Mikroorganismen. Wichtig ist hierbei die enzymatische und oxidative Bildung von Aromastoffen aller Art. Sie geben den einzelnen Produkten die charakteristische Note, wie es uns z. B. von der Bereitung des Käses, des Bieres und des Weines wohl bekannt ist. Häufig werden bei den ostasiatischen Sojaprodukten Schimmelpilzkulturen verwendet. Auch daran sollten wir uns nicht stören: viele von uns schätzen Käse mit Edelschimmel!

Die Sojabohnen werden stets gründlich gewaschen, längere Zeit (oft über Nacht) eingeweicht und dann gekocht. Hierdurch werden unerwünschte Inhaltsstoffe ausgelaugt oder inaktiviert. Auch wird die mikrobielle Fremdkontamination weitgehend ausgeschaltet. Bei einer Reihe von Produkten wird während der Herstellung eine beträchtliche Menge Kochsalz zugesetzt. Damit wird der Verderb durch lebensmittelvergiftende Bakterien verhütet. Auch die häufig mit dem Verfahren verbundene Bildung organischer Säuren bannt bakterielle Gefahren.

5.6.1. Sojasoße (Shoyu)

Sie ist ebenso wie das später zu besprechende Miso chinesischen Ursprungs. Beide werden auf das alte chinesische „Chiang" zurückgeführt, das im 7. Jahrhundert durch buddhistische Priester nach Japan gelangt sein soll. Heute erfreut sich diese Würzsoße mit ihrem salzigen Geschmack (ca. 18% Kochsalz) und scharfen Aroma überall im Fernen Osten großer Beliebtheit. Sie wird auch in Amerika und in Europa viel gebraucht und ist oft Bestandteil westlicher Soßen. 1977 betrug die japanische Produktion 1,2 Mio. t, d. h. 10 Liter pro Kopf und Jahr mit einem ungefähren Produktionswert von 6 Milliarden DM, eine stolze Zahl!

Etwa 85% der japanischen Sojasoßen-Produktion entfallen auf „Koikuchi shoyu", die sich durch ein starkes Aroma und dunkelrotbraune Farbe auszeichnet. Sie wird ebenso wie die schwächere „Usukuchi shoyu" aus gleichen Teilen Sojabohnen und Weizen hergestellt. Usukuchi shoyu ist in Aroma und Geschmack milder und von hellbrauner Farbe. Dieser Sojasoßen-Typ wird vor allem für Gerichte verwendet, bei denen man auf die Erhaltung des ursprünglichen arteigenen Geschmacks und Aromas der verwendeten Lebensmittel Wert legt.

In China und Ostasien steht „Tamari shoyu" im Vordergrund, wozu entweder nur oder überwiegend Sojabohnen neben einem geringeren Weizenanteil (bis 10%) verwendet werden. Sie hat zwar einen etwas höheren Aminosäuren-Gehalt, es fehlt ihr aber das typische Sojasoßen-Aroma. Das rotbraune Produkt weist einen strengen Geschmack auf. Die indonesische Sojasoße „Ketjap" wird aus schwarzen Sojabohnen gewonnen. Als Ausgangsstoffe für die traditionelle Sojasoße, die in einem Zwei-Stufen-Prozeß hergestellt wird, dienen in Japan ganze Sojabohnen oder jetzt verstärkt entfettete Sojaflocken oder -grieß, die etwa 12 Stunden eingeweicht und dann im Autoklaven 1 Std. unter Druck erhitzt werden, und zerkleinerter gerösteter Weizen, wobei die beste Sojasoße aus gleichen Anteilen an Sojabohnen und Weizen gewonnen wird.

Das Gemisch wird mit Schimmelpilzkulturen von *Aspergillus oryzae* oder *Aspergillus soyae* beimpft und 2–3 Tage bei 30–35 °C unter Belüftung bebrütet. Hierdurch entsteht Koji. Darunter versteht der Japaner mit Schimmelpilzen überwachsenes gedämpftes Getreide und/oder Sojabohnen. Koji ist reich an Enzymen, die Stärke zu vergärbaren Zuckern und Eiweiß zu Peptiden und Aminosäuren abbauen. Es stellt die Enzym- und Nährstoffquelle für den zweiten Fermentationsschritt dar. Übrigens wird bei anderen auf fermentativem Wege gewonnenen Produkten wie Miso (S. 122) und Saké (Reiswein) (S. 129), in ähnlicher Weise „Koji" hergestellt.

Im nächsten Schritt wird dieser „Shoyu Koji" in Tanks mit der gleichen oder einer etwas größeren Menge Salzlake vermischt, so daß eine Konzentration von etwa 18% NaCl erreicht wird. Diese Maische, „Moromi" genannt, wird mit Milchsäurebakterien und spezifischen Hefen beimpft. Jetzt beginnt der wichtigste Teil des Herstellungsprozesses, die graduelle Fermentation. Sie benötigt je nach Typ und Temperatur bis 12 Monate, wobei häufig gerührt und belüftet werden muß. Zuerst erfolgt die Milchsäuregärung, später die alkoholische Gärung mittels der Hefen. Am Schluß wird die Flüssigkeit hydraulisch abgepreßt und bei 70–80 °C pasteurisiert. Allerdings wird der langwierige traditionelle Gärungsprozeß auch in Japan mehr und mehr durch eine partielle oder vollständige Säurehydrolyse entfetteten Sojabohnenmehls und Weizens mit Salzsäure abgelöst, ähnlich wie in Deutschland auch die Würzen hergestellt werden.

Durch den traditionellen enzymatischen Herstellungsprozeß wird das Material bei Temperaturen von unter 30 °C unter milden Bedingungen in über 6 Monaten sehr langsam hydrolysiert, wobei das Eiweiß im wesentlichen durch *Aspergillus oryzae* zu Peptiden und Aminosäuren und die Stärke zu reduzierenden Zuckern (Glucose, Fructose), Milchsäure und Alkohol abgebaut werden. Die enzymatischen Prozesse führen zu einer großen Zahl von Nebenprodukten, die der Sojasoße ihren unverwechselbaren Geschmack und ihr ansprechendes Aroma geben. Auch tragen Weizenkleie und die aus ihr gebildeten Stoffe erheblich zum Aroma bei. Die Färbung entsteht durch eine Maillard-Reaktion zwischen Aminosäuren und Zuckern.

Die chemische Hydrolyse mit Salzsäure benötigt nur etwa einen halben Tag. Viele der geschätzten Aromastoffe können dabei nicht entstehen; im Gegenteil, es bildet sich mancher unerwünschte Stoff.

Daher werden *allein* durch Säurehydrolyse hergestellte Sojasoßen aus geschmacklichen Gründen nicht in den Verkehr gebracht. Entweder werden das enzymatische oder das Salzsäure-Verfahren miteinander verbunden, indem die Soja zunächst durch Salzsäure (7-8%) partiell hydrolysiert und anschließend enzymatisch behandelt wird, oder beide Verfahren werden getrennt angewendet und die erhaltenen Produkte vor der Abfüllung gemischt.

Bei dem traditionellen enzymatischen Prozeß wird an organischen Säuren hauptsächlich Milchsäure gebildet. Bei der chemischen Hydrolyse mit Salzsäure entstehen im wesentlichen Ameisensäure neben Lävulinsäure; weiterhin werden an unerwünschten Stoffen z. B. dunkle Huminprodukte, Furfural, Dimethylsulfid und Schwefelwasserstoff gebildet und wird die Aminosäure Tryptophan weitgehend zerstört. Alle diese Stoffe und die beiden genannten Säuren treten beim enzymatischen Prozeß nicht auf.

Neuerdings wird Sojasoße in Japan auch als Trockenprodukt hergestellt, was für den Export von Bedeutung ist. Interessant ist auch in diesem Zusammenhange der Gehalt an Aminosäuren (Tabelle 12).

Mit Sojasoße würzt man vor allem Fleisch-, Fisch- und Gemüsegerichte der japanischen, chinesischen und indonesischen Küche. Alle Sojasossen lassen sich hervorragend zum Marinieren von Fleisch und Fisch verwenden. In Sojasoße, etwas Honig, Sherry, Ingwer und Knoblauch marinierte Grillspießchen sind eine leckere Partyüberraschung.

Sojasoße paßt zu den meisten fernöstlichen Gewürzen wie Ingwer, aber auch zu Knoblauch, Pfeffer, zu Zucker und Sherry. Zu den kräftig würzenden europäischen Kräutern paßt sie nicht. Sie ist ein Bestandteil der verschiedensten westlichen Soßen und z. B. in der Worcestershire-Soße und der Barbecue-Soße enthalten.

5.6.2. Miso (Sojapaste)

Den nächsten Platz nach der Sojasoße nimmt in Japan Miso ein. Es wird aus Sojabohnen und Reis, seltener Gerste in Gegenwart von Salz durch die enzymatische Wirkung von Schimmelpilzen, Hefen und Bakterien als eine Sojapaste von weicher Konsistenz gewonnen. Bezüglich der verwendeten Mikroorganismen und der Fermentationsverfahren sind Sojasoße und Miso sehr ähnlich. Beide sind schmackhafte Allzweckgewürze.

Es gibt in Japan, ähnlich der Vielfalt europäischer Käsesorten, sehr verschiedene Arten von Miso, wie es auch in China sehr verschiedene Arten des vergleichbaren „Chiang" gibt. Je dunkler die Farbe, je stärker sind

Aroma und Geschmack. In Japan werden jährlich etwa 7 kg pro Kopf der Bevölkerung verbraucht. Am verbreitetsten ist hier das rote Miso, das aus Sojabohnen, Reis und Kochsalz im Verhältnis von 100:55:48 gewonnen wird.

In Japan dient Miso hauptsächlich (zu 80-85%) als Suppen-Grundlage. Häufig enthalten diese Suppen Gemüse, Fisch oder Tofu. Mit Miso kann man Fleisch-, Fisch- und Gemüsegerichte würzen, man kann es aber auch mit frischem Gemüse wie Gurken mischen. In China wird „Chiang" zu Soßen verwendet, die zu Fleisch, Seefisch, Geflügel oder Gemüse serviert werden.

5.6.3. Tempeh

Tempeh (indon.: Tempe), ein traditionelles indonesisches Produkt, das ursprünglich in getrockneten Bananenblättern hergestellt wurde, spielt heute auch in Malaysia und auf den Philippinen, nicht aber in Japan eine Rolle. Von Vegetariern der USA wird es z. B. als „Tempehburger" als Fleischersatz geschätzt.

Meist gelbe Sojabohnen werden eingeweicht, geschält, etwa 1 Stunde gedämpft, oberflächlich getrocknet, abgekühlt und mit *Rhizopus*-Kulturen beimpft. Heute werden die Sojabohnen häufig erst nach dem Dämpfen geschält und gelegentlich nochmals eingeweicht.

Das weiße *Rhizopus*-Pilzmycel durchwächst die Sojabohnen bei Raumtemperatur (um 30 °C) in 1-2 Tagen völlig und bildet eine kompakte, wie einen Kuchen zusammenhängende weiße Masse. Es ist wenig haltbar und weist einen angenehm frischen Pilzgeruch und einen milden Geschmack auf. Seine Trockenmasse besteht zu etwa 50% aus hochwertigem Eiweiß.

Heute wird Tempeh oft in flachen, etwa 3 cm hohen Metall- oder Kunststoffrahmen mit perforierten Böden und Deckeln produziert und in unterschiedlichen Abmessungen gehandelt. Auch werden zum Teil andere Rohstoffe als Sojabohnen mitverwendet. Qualitativ hochwertiges Tempeh (Tempe Kedelee) wird aber nach wie vor nur aus Sojabohnen gewonnen. Im Gegensatz zu den bisher behandelten fermentierten Sojaprodukten wird Tempeh oft als ein Hauptgericht verzehrt und hierzu in Streifen entweder 3-5 min in Fett gebraten oder 10 min gekocht. Häufig wird es in Stücke zerkleinert zu Suppen verwendet.

5.6.4. Sufu (Chinesischer Sojabohnen-Käse)

Zur Herstellung von Sufu, auch Fuju und Toufuju und in USA „fermentierter Tofu" genannt, werden kleine festere Tofuwürfel von etwa 83% Wassergehalt und einer Kantenlänge von etwa 3 cm (wegen Tofu siehe S. 118) für etwa 1 Stunde in eine Kochsalz-Zitronensäure- bzw. Reiswein-Lösung gelegt und danach 10-15 min bei 100 °C mit Heißluft pasteurisiert. Nach dem Abkühlen werden sie mit *Mucor*- oder *Actinomucor*-Species beimpft. In 3-7 Tagen bildet sich bei der verwendeten Temperatur (12-20 °C) ein gelblich-weißes dichtes und festes Pilzmycel aus. Danach erfolgt eine Ausreifung in Salzlake (z. B. 12%ig), die etwa 1-3 Monate dauert. Häufig gibt man der Lake Saké (Reiswein) zu. Weitere Zusätze wie Rosenöl führen zu unterschiedlichen Geschmacksnuancen.

Sufu ist ein cremeartiges, käseähnliches, weißes oder mit Zusätzen rot gefärbtes Produkt von mildem Aroma. Es kann wie Käse verwendet und verzehrt werden. Auch läßt es sich mit Gemüse oder Fleisch garen.

5.6.5. Natto (fermentierte ganze Sojabohnen)

Natto (Itohiki-natto) wird seit etwa 1000 Jahren in Japan hergestellt; sein Jahresverbrauch liegt bei etwa 750 g/Person. Durch die Verwendung von Bakterien (*Bacillus*-Species) stellt es eine gewisse Ausnahme unter den fermentierten Soja- und Getreideprodukten dar. Über Nacht eingeweichte und dann gedämpfte Sojabohnen werden mit *Bacillus natto* beimpft, und in kleinen Behältnissen (früher in Reisstroh eingewickelt) unterschiedliche Zeiten, z. B. 14-18 Stunden bei 40 °C, fermentiert und dann getrocknet. Im Verlaufe der Fermentation überziehen sich die Sojabohnen mit einer viskosen, grauen, klebrigen, zähen Haut, die aus Glutaminsäure-Polymeren besteht. Diese Haut kann zu Fäden ausgezogen werden. Je länger die Fäden werden, desto besser ist die Qualität. Natto ist sehr preiswert und wird zu Reisgerichten verzehrt.

Von grauer bis gelbbrauner Farbe hat es einen eigentümlichen dumpfen Geruch und strengen Geschmack, und sagt Europäern oft nicht zu. Ein ähnliches Produkt ist das „Thua-Nao" Thailands.

Literatur

Ang, H. G., Kwik, W. L.: Development of soymilk - A review. Food Chemistry *17*, 235-250 (1985)

Augustin, J., Beck, C. B., Kalbfleisch, G., Kagel, L. C., Matthews, R. H.: Variation in the vitamin and mineral content of raw and cooked commercial Phaseolus vulgaris classes. J. Food Sci. *46*, 1701-1706 (1981)

Beuchat, L. R.: Fermented soybean foods. Food Technol. *38 (6)*, 64-70 (1984)

Brücher, H.: Tropische Nutzpflanzen. Ursprung, Evolution und Domestikation. Berlin-Heidelberg-New York: Springer 1977

Fordham, J. R., Wells, C. E., Chen, L. H.: Sprouting of seeds and nutrient composition of seeds and sprouts. J. Food Sci. *40*, 552-556 (1975)

Fukushima, D.: Soy proteins for foods centering around soy sauce and tofu. J. Amer. Oil Chem. Soc. *58*, 346-354 (1981)

Fukushima, D., Hashimoto, H.: Oriental soybean foods. In: Corbin, F. T. (ed.): Proc. World Soybean Res. Conference II 1979. Colorado: Westview Press Boulder 1980, p. 729-743

Kolb, H.: Herkömmliche Verfahren zur Nutzung von Soja im asiatischen Raum. Alimenta *17*, 43-47 (1977)

Martinelli, A., Hesseltine, C. W.: Tempeh fermentation: Package and tray fermentations. Food Technol. *18*, 761-765 (1964)

National Academy of Sciences: Tropical Legumes: Resources for the future. Washington 1979

Ochi, H., Blenford, D. E.: The soy sauce explosion. Food Process. Industry 1980, Nr. 8, p. 25, 27, 29

Reddy, N. R., Salunkhe, D. K., Sathe, S. K.: Biochemistry of black gram (Phaseolus mungo L.): A review. CRC Crit. Review Food Sci. Nutr. *16*, 49-114 (1982)

Richter, J.: Sojakeime-Kochbuch. München: Eigenverlag, Gerstäcker Str. 4

Shurtleff, W., Aoyagi, A.: Das Miso-Buch (1980) - Das Tempeh-Buch (1986) - Das Tofu-Buch (1981). 8201 Pittenhart-Oberbrunn: Ahorn-Verlag (mit Rezepten)

Steinkraus, K. H.: Handbook of indigenous fermented foods. New York-Basel: Marcel Dekker 1983

Souci, S. W., Fachmann, W., Kraut, H.: Die Zusammensetzung der Lebensmittel. Nährwert-Tabellen 1981/82, 2. Aufl., bearbeitet von Scherz, H., Kloos, G. Stuttgart: Wiss. Verlagsges. 1981

Tsai, S.-J., Lan, C. Y., Kao, C. S., Chen, S. C.: Studies on the yield and quality characteristics of tofu. J. Food Sci. *46*, 1734-1737, 1740 (1981)

Wang, H. L.: Oriental soybean foods. Food Development *15 (5)*, 29-34 (1981)

Wang, H. L., Hesseltine, C. W.: Mold-modified Foods. In: Peppler, H. J., Perlman, D. (eds.): Microbiol Technology, Band II: Fermentation Technology. New York-San Francisco-London: Academic Press 1979, p. 95-129

Watt, B. K., Merrill, A. L.: Composition of Foods, raw, processed, prepared. Agric. Handbook No. 8. Washington: US Dept. Agric. 1963

Yokotsuka, T.: Aroma and flavor of Japanese soy souce. Adv. Food Res. *10*, 75-134 (1960)

6. Alkoholische Getränke

6.1. Obstweine und Weinähnliche Getränke

In allen Industrieländern der Welt schätzt man den aus Trauben durch alkoholische Gärung gewonnenen Wein. In Deutschland kommen hierfür nur die Trauben von *Vitis vinifera* in Frage; in anderen Ländern, vor allem in Übersee, werden zum Teil auch noch andere *Vitis*-Arten verwendet, wie *Vitis labrusca* und *Vitis rotundifolia* (Muscadine) in USA.

Daneben spielen sog. Obstweine eine Rolle. Hierzu eignen sich z. B. die wesentlichen einheimischen Obstarten wie Apfel, Birne, Erdbeere, Brombeere etc. In USA werden Obstweine auch aus Logan- und Boysenbeeren (vgl. S.69) mit einem Alkohol-Gehalt um 12 Vol.-% hergestellt. Auch gibt es Ananaswein. Prinzipiell kann man aus jeder Frucht, wenn sie genügend Zucker enthält und keine Naturstoffe vorkommen, welche die Gärung stören oder behindern können, Obstwein produzieren. Natürlich muß der Obstwein einen entsprechenden Geschmack und ein gewünschtes Aroma aufweisen; das ist eine spezifische Frage der Obstart und oft auch der Sorte.

So werden Kaschuweine in Südamerika, z. B. Guatemala, kommerziell hergestellt. In Mozambik soll Kaschuwein (Alkoholgehalt etwa 4–5%) verbreitet sein. In Indien werden aus vergorenem Kaschusaft durch Destillation Spirituosen produziert („Fenni"). Auch wird in Indien Jackfruchtwein mit etwa 7–8 Vol.-% Alkohol aus Pulpe gewonnen. Papayaweine wurden in der Bundesrepublik aus Kenia angeboten. Schließlich wurden Verfahren zur Weinbereitung aus Kiwis ausgearbeitet. Auch wurden z. B. aus Passionsfrüchten, Granatäpfeln und Tamarinden Weine hergestellt, die aber wohl keine kommerzielle Bedeutung erlangten.

In den Bananenanbaugebieten Afrikas wie Kenia, Uganda und Rwanda wird aus Bananensaft unter Mitverwendung gerösteten Getreidemehls (Sorghum, Kleinhirsen, Mais) ein bräunliches, leicht säuerliches Getränk (Bananenbier, Urwaga, Mwenge) hergestellt und dort wohl auch gern getrunken.

Ähnlich dem mexikanischen Pulque (S.129) werden in Amerika aus dem Saft verschiedener Opuntienarten (siehe auch Kaktusfeigen S. 64) alkoholische Getränke bereitet, z. B. in Mexico „Colonche" oder „Nochoctli" von süßem Geschmack und roter Farbe.

Größere Bedeutung haben in den Zuckerrohr-Anbaugebieten alkoholische Getränke aus Zuckerrohrsaft, die unter Mitverwendung anderer geschmackgebender pflanzlicher Rohstoffe hergestellt werden, in Kenia als „Muratina" und auf den Philippinen als „Basi" bekannt. Von Basi gibt es zwei unterschiedliche Typen, das süß schmeckende „Babae" und das trokken-bitter schmeckende „Lakake", wobei die Unterschiede im wesentlichen auf den mitverwendeten Ingredientien (Blätter, Rinden) beruhen. Der Alkoholgehalt beträgt nach 1-2 monatiger Gärung 12-15 Vol.-%.

Schließlich gibt es seit Jahrtausenden Honigwein (Met), der auch heute noch da und dort produziert wird. So werden hierzu in New York jährlich etwa 20 t Honig verarbeitet, und Honigweine z. B. auch in Polen (Krakau) und in Äthiopien (dort als „Tej") hergestellt.

Und wir kennen in der Welt zahllose unter Verwendung würzender Kräuter oder Zusatz pflanzlicher Bestandteile aus Wein hergestellte Spezialitäten, z. B. den mit Harz produzierten Retsina Griechenlands.

6.2. Palmwein

Zu Palmwein (Toddy) kann der Saft der meisten Palmenarten (Fam.: *Palmae*) vergoren werden. Überall, wo Palmen gut gedeihen, wird auch Palmwein produziert. Er ist im allgemeinen milchig-weiß bis bräunlich und lebhaft moussierend. Er schmeckt oft süß, nach völliger Vergärung auch schwach herb. Sein Alkoholgehalt beträgt bei primitiverer Herstellung oft nur um 2%, während z. B. in Malaysia kommerziell hergestellter Palmwein 5-8 und nigerianischer Palmwein aus Öl- oder Raphia-Palmen 3-4 Vol.-% Alkohol aufwiesen (zum Vergleich unser Vollbier: 3,5-4,5 Vol.-%). In typischen Palmweingebieten wie Sri Lanka, Malaysia, Nigeria etc. werden 0,5 l und mehr pro Person und Tag getrunken.

Zur Saftgewinnung werden die unreifen männlichen Blütenstände oder auch die Stämme unterhalb des an der Spitze sitzenden Vegetationskegels angezapft, wobei täglich 1-3 l zuckerhaltigen Palmensaftes gewonnen werden können. Es wird aber auch der Saft gefällter Stämme wie der der Ölpalme verwendet (in Nigeria als „Down"-Wein im Gegensatz zum „Up"-Wein bezeichnet). Hauptsächlich werden in der Welt die Cocosnuß-Palme *(Cocos nucifera)* und die Ölpalme *(Elaeis guineensis)*, aber auch die Raphia-Palmen *(Raphia hookeri* oder *Raphia vinifera)* in Westafrika (Nigeria), die Toddy-Palme *(Caryota urens)* in Sri Lanka und Indien, die Nipa-

Palme *(Nypa fruticans)* in Malaysia sowie *Phoenix-* und *Borassus*-Arten verwendet.

Auch die Blütenstände der Dattelpalme *(Phoenix dactylifera)* sollen sich zur Palmwein-Gewinnung eignen. Die Indios Brasiliens gewinnen ihren Palmwein z. B. aus dem Saft junger Stämme der Moriche-Palme (Buriti, *Mauritia flexuosa*). Auch werden in Brasilien die eiförmigen gelb- oder rotfleischigen Früchte der Pichigua-Palme *(Bactris gasipaes)* zu alkoholischen Getränken vergoren. Schließlich sind in tropischen Gebieten Palmenhonig (eingedickter Palmensaft) und Palmenzucker bekannt.

6.3. Alkoholika aus Agaven

In Mittel- und Süd-Amerika werden die Blütenstände ausgewachsener etwa 7-10 Jahre alter Agaven-Arten wie *Agava atrovirens* oder *Agava americana* (Fam.: *Agavaceae*) an- oder wie in Mexico ausgeschnitten. Der austretende, zuckerhaltige Saft wird vergoren.

In Mexico ist das Produkt seit der Aztekenzeit als „Pulque" (Ococtli oder Huitztle) Nationalgetränk. Pulque ist milchig-weiß, etwas viskos und schmeckt säuerlich. Der Alkoholgehalt beträgt 4-6 Vol.-%. Die industrielle Produktion an Pulque in Mexico wird mit ca. 500 Millionen Liter pro Jahr angegeben.

Weiterhin gibt es in Mexico „Mescal" und „Tequila". Zur Gewinnung von Mescal werden von Agaven die Blätter abgehackt und die verbleibenden Strunke erhitzt, zerkleinert und eingemaischt. Die Maische wird vergoren und hieraus der Agavenschnaps Mescal destilliert. Wird er im Staate Jalisco aus dort wildwachsenden oder angebauten Maguey-Agaven *(Agava tequilana)* gewonnen, darf er „Tequila" genannt werden, eine Herkunftsbezeichnung also wie „Cognac" für Branntwein aus dem französischen Department Cognac. Schon die Azteken sollen Tequila gebrannt haben. Übrigens erfreut sich Tequila seit 1970 in USA und in Europa rasch ansteigender Beliebtheit, und es gibt ihn auch bei uns zu kaufen.

6.4. Saké

In Japan wird Saké, ein „Reiswein", gern getrunken. Nach seinem Herstellungsverfahren ist Saké ein bierähnliches Getränk. Statt Gerste - wie bei unserem Bier - wird von gedämpftem Reis ausgegangen. Als Mikroorganismen dienen nicht Bier- oder Weinhefe wie bei unserem Bier oder Wein, sondern zuerst Schimmelpilzkulturen *(Aspergillus oryzae)* auf gedämpftem Reis („Koji"), anschließend Saké-Hefe *(Saccharomyces saké)* sowie ggf. Milchsäure-Bakterien (*Leuconostoc-* und *Lactobacillus-*Species). Die Herstellung veranschaulicht Abb. 19.

Beim Wachstum der Schimmelpilze werden Enzyme gebildet, welche die Stärke zu Zucker abbauen, und es entsteht unter Wasserzusatz eine dicke Flüssigkeit (Moto). Die Saké-Hefe vergärt dann den Zucker zu Alkohol und Kohlendioxid, wobei ein Alkoholgehalt von 20 Vol.-% entstehen kann. Der säuerliche Geschmack des Saké beruht auf seinem Milchsäuregehalt (40–120 mg/100 ml). Oft wird Milchsäure direkt zugesetzt, also ohne Milchsäuregärung.

Tabelle 16. Durchschnittliche Zusammensetzung von Saké

Gesamtzucker (als Glucose)	g/100 ml	4,20
Direkt vergärbarer Zucker (als Glucose)	g/100 ml	3,46
Gesamte organische Säuren	mg/100 ml	115,2
Glutaminsäure	mg/100 ml	20,2
Gesamt-Stickstoff	mg/100 ml	72,6
Formol-Stickstoff	mg/100 ml	28,8
Alkohol	Vol.-%	15,0

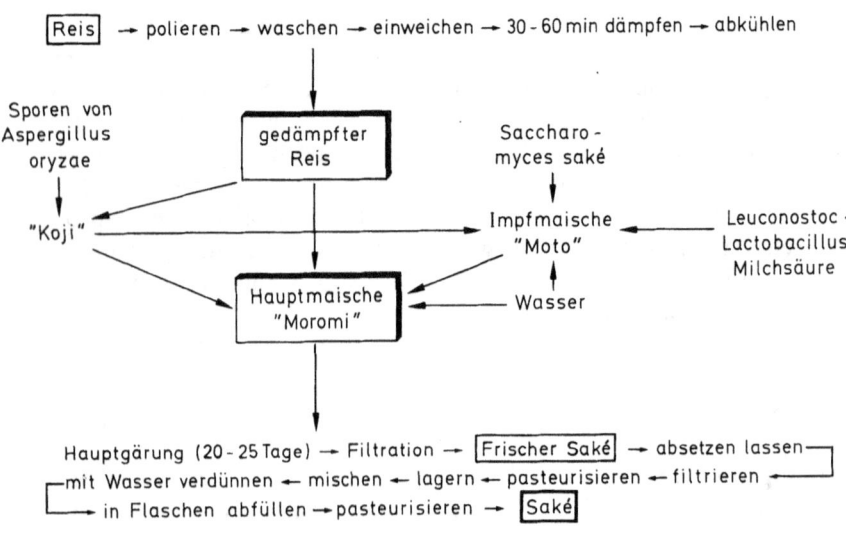

Abb. 19. Fließschema zur Herstellung von Saké (nach H. J. Rehm: Industrielle Mikrobiologie. Springer-Verlag 1980, S. 560)

Saké ist klar und von hellgelber Farbe; er wird traditionell warm getrunken. Saké wird in Japan in drei Qualitätsstufen gehandelt: Special, 1. Qualität, 2. Qualität. Der Standard-Ethanolgehalt ist auf 16,0 bzw. 15,5 bzw. 15,0 Vol.-% festgesetzt. Im wesentlichen werden 1. und 2. Qualität in ähnlichen Mengen konsumiert. 1971 wurden in Japan 15,88 Millionen hl Saké und 30,9 Millionen hl Bier getrunken! Auch in China wird erheblich mehr Bier als Reiswein getrunken.

Die Durchschnittszusammensetzung des Saké kann Tabelle 16 entnommen werden. Hauptsächlicher Zucker ist Glucose, wesentliche Säuren sind neben Glutamin- und Asparaginsäure oft Milchsäure, Bernsteinsäure, Äpfelsäure und Zitronensäure. An Aromastoffen kommt z. B. eine Reihe von Estern des Ethanols mit kurzkettigen Fettsäuren (C_2-C_{10}) vor, wobei Ethylacetat mengenmäßig im Vordergrund steht.

6.5. Sorghum-Bier

Sorghum-Bier, das Bier der Bantus Südafrikas, hat verschiedene Namen (Bantubier, Mqombothi, Zulu, utswala, Sesuto, joala, utywala). Es wird aus gemälztem Sorghum (rote Sorten der bedeutendsten Hirseart (*Sorghum bicolor;* Fam.: *Gramineae*), obergäriger Bierhefe und Wasser hergestellt. Zum Teil wird es in Südafrika schon in modernen Brauereien unter Zusatz von Milchsäurebakterien *(Lactobacillus delbrueckii)* bei höheren Temperaturen (30 °C) in gegenüber unserem Bier recht kurzer Zeit gebraut. Die industrielle Produktion betrug 1974-1977 jährlich etwa 9 Millionen Hektoliter. Hinzu kommt eine ähnliche Menge aus häuslicher Bierbereitung. So werden von den Bantus pro Jahr und Kopf ähnliche Mengen an Sorghumbier (150 l) getrunken wie in Deutschland von unserem Bier.

Das säuerliche Sorghumbier unterscheidet sich stark gegenüber unserem Bier. Von rosa Farbe, hat es einen angenehm hefeartigen Geruch mit einer leicht fruchtigen Note, nicht unähnlich dem Joghurt. Es ist noch in leichter Gärung und durch suspendierte Feststoffe trübe und nur wenige Tage haltbar. Die suspendierten Sorghum-Bestandteile geben dem Bier einen kratzigen mehligen Geschmack, der Europäern nicht zusagt. Der Alkoholgehalt beträgt im Durchschnitt 3,2 Gewichts-% (Grenzwerte 2,4-4,0) und der Milchsäuregehalt 215 mg/100 ml (Grenzwerte 164-250). Deutsches Vollbier enthält im Durchschnitt 3,5-4,5 Gew.-% Alkohol.

In anderen afrikanischen Gebieten wird als Rohstoff für einheimische Biere auch Mais neben Sorghum- oder anderem Hirse-Malz mit verwendet, oder es wird von ungemälztem Getreide (oft Mais unter Zusatz von Sorghum oder anderen Hirsearten) ausgegangen. Hierbei wird die Stärke durch zugesetzte Enzympräparate zu Zucker abgebaut, der dann mit Hefe vergoren wird. Auch kann als Rohstoff Cassave (mit)verwendet werden. Bisweilen wird auf die zusätzliche Milchsäuregärung verzichtet.

Das trübe Bier, in wenigen Tagen hergestellt und nur wenige Tage haltbar, enthält noch Hefe und unterscheidet sich in Aussehen, Geschmack und Aroma grundsätzlich vom europäischen Bier.

Schließlich gibt es in der Welt eine fast unendliche Zahl von **Spirituosen**, d. h. alkoholischen Getränken, deren Alkohol aus der Destillation (Brennen) vergorener zuckerhaltiger Flüssigkeiten (aus Getreide, Obst, Wein, Zuckerrohr usw.) stammt. Wohl bekannt sind uns Branntweine, Weinbrände, Liköre, Absinth, Wodka, Whisky etc. Auf einige der exotischeren Produkte näher einzugehen, würde den verfügbaren Platz dieses Bandes sprengen.

Literatur

Brücher, H.: Tropische Nutzpflanzen. Ursprung, Evolution und Domestikation. Berlin-Heidelberg-New York 1977
Dyal Singh, J.: Technology of fruit wines, ciders, bears and liquors in India. Central Food Technol. Res. Inst. Mysore 1956, p. 86–93
Hesseltine, C. W.: Some important fermented foods of Mid-Asia, the Middle-East, and Africa. J. Amer. Oil Chem. Soc. *56*, 367–374 (1979). – Sorghumbier
Kodama, K., Yoshizawa, K.: Saké. In: Rose, A. H. (ed.): Alcoholic Beverages (Economic Microbiology, Band 1). London-New York-San Francisco: Academic Press 1977, p. 423–475
Nakayama, T.: Tropical fruit wines. In: Chan, jr., H. T.: Handbook of Tropical Foods. New York-Basel: Marcel Dekker 1983, p. 537–553
Rehm, H. J.: Industrielle Mikrobiologie. 2. Aufl. Berlin-Heidelberg-New York: Springer 1980, S. 560–563
Steinkraus, K. H.: Handbook of indigenous fermented foods. New York-Basel: Marcel Dekker 1983

7. Gewürze

Bereits vor 5000 Jahren wurden Gewürze aus dem ostasiatischen-indonesischen Raum über die Karawanenwege vom Mittleren Osten in die östlichen Mittelmeerländer und nach Europa gebracht. Um Gewürze wurden Kriege geführt, und wegen der Gewürze wurde Amerika entdeckt. So stach Columbus 1492 mit der „Santa Maria" in See, um die von Marco Polo beschriebenen Gewürz-Inseln zu suchen. Erst 1499 erreichte Vasco da Gama das ersehnte Gewürzparadies.

Gewürze regen den Appetit und die Magensekretion an und fördern die Verdauung. Sie sind für unsere Ernährung von erheblicher Bedeutung, obwohl sie keine ins Gewicht fallenden Nährstoffmengen aufweisen.

7.1. Pfeffer

Das wichtigste Gewürz des Welthandels ist der *Pfeffer (Piper nigrum,* Fam.: *Piperaceae).* Er war bis in die Neuzeit hinein ein handelspolitisch wichtiges Gewürz. Der gegenwärtige Welthandel wird auf 50000-75000 t geschätzt, wobei auf Indien etwa 25000 t entfallen.

Wir kennen schwarzen und weißen Pfeffer. Beide stammen von der gleichen Pflanzenart, die als Kletterstrauch wie Hopfen an Stangen oder Drahtgerüsten 4-5 m hoch gezogen wird. Die zu 20-30 an einer dichten Ähre sitzenden kleinen beerenartigen Früchte sind zur Reife rotbraun bis gelbbraun.

Schwarzer Pfeffer wird aus den noch unreifen, grünen Früchten gewonnen, wobei die Fruchtschale beim Trocknen schwarz und mehr oder weniger runzelig wird. *Weißer Pfeffer* ist dagegen die reife, nach 2-3tägiger Fermentation aus der äußeren Fruchtschale gelöste und getrocknete Frucht. Der Geschmack des schwarzen Pfeffers ist brennend scharf, der des weißen Pfeffers aromatischer und milder. Seit einiger Zeit gibt es auch *grünen Pfeffer:* noch unreife grüne Pfefferkörner in einem sauren Salz-Aufguß zum Würzen von Fleisch, Reis und Gemüse. Er schmeckt am mildesten.

Pfeffer ist nicht nur das am meisten verwendete Gewürz aller Zeiten, es ist auch ein Universalgewürz. So gut wie alle salzigen Gerichte können einen Hauch Pfefferschärfe vertragen. Pfeffer paßt als Hintergrundschärfe zu allen Gewürzen. Erhebliche Mengen werden in Deutschland von der fischverarbeitenden und der Fleisch- und Wurstwaren-Industrie verbraucht. Gemahlen, geschrotet oder in ganzen Körnern gehört Pfeffer fast in jede Wurst. Auch ist Pfeffer in zahlreichen Gewürzmischungen, vom Curry bis hin zum Fisch- oder Einmachgewürz, enthalten.

Neben den Früchten von *Piper nigrum* werden in der Welt scharf schmeckende Samen anderer Pflanzenarten wie Pfeffer benutzt: Langer Pfeffer, Cubeben, Aschanti-Pfeffer, Paradieskörner, Mohrenpfeffer etc.

Der scharfe Geschmack des Pfeffers beruht auf den nichtflüchtigen *Alkaloiden* Piperin und Piperylin, der Geruch und der aromatische, würzige Geschmack auf ätherischen Ölen.

Scharf schmeckende Stoffe

Piperin in Pfeffer (Piperylin enthält statt des N-haltigen Sechserrings einen N-haltigen Fünferring)

Capsaicin in Paprika

7.2. Ätherische Öle in Gewürzen

Von den wesentlichen Gewürzen enthalten nur noch Paprika, Chillies, Ingwer und Galgant sog. Scharfstoffe, in allen anderen stellen sog. ätherische Öle die geschmacklich und geruchlich wertgebenden Stoffe.

„Ätherisches Öl" ist ein sehr alter (und falscher) Ausdruck; er hat chemisch weder mit Fetten noch mit Äthern etwa zu tun. Ätherische Öle sind von öliger Konsistenz; im Gegensatz zu den fetten Ölen verschwindet der von ihnen erzeugte „Fettfleck" beim Verdunsten restlos, daher „ätherisch".

In der chemischen Zusammensetzung sind ätherische Öle im allgemeinen komplizierte Gemische flüchtiger Verbindungen mit Vertretern aus nahezu allen chemischen Stoffklassen. Oft bestehen sie aus 50, 100 und mehr Einzelkomponenten, wobei häufiger Terpene, Alkohole, Aldehyde, Ketone, Ester, Phenole und Phenolether, aber auch Schwefel-Verbindungen vorkommen. Die Gesamtheit der Inhaltsstoffe, seltener eine bestimmte chemische Substanz, verleiht dem einzelnen ätherischen Öl und damit dem betreffenden Gewürz den charakteristischen, meist recht intensiven Geruch und Geschmack. Übrigens, die flüchtigen Aromastoffe von Obst und Gemüse sind chemisch ähnlich aufgebaut, nur ihre Konzentration ist erheblich geringer (um 1–10 mg/100 g) als in Gewürzen und Würzkräutern (Küchenkräutern).

Der Gehalt an ätherischem Öl bedingt auch die Verwendung der Gewürze für Liköre und Branntwein als Macerat (Auszug) und als Destillat. Hierbei sind z. B. Cardamomen, Vanille, Gewürznelken und Zimt typische Vertreter einzelner Geschmacksgruppen. Relativ bekannt sind Ingwer-

Tabelle 17. Aroma-Inhaltsstoffe in Gewürzen und exotischem Obst

Bezeichnung	Vorkommen
Myrcen	Verbreitet, z. B. Guave, Mango, Papaya
Ocimen	Verbreitet, z. B. Guave, Mango, Papaya
Limonen	Hauptbestandteil der Citrus-Schalenöle, auch sonst sehr verbreitet, z. B. Tamarinde, Mango, Papaya
α-Phellandren	Sternanis, Pfeffer, Zimt, Piment, Ingwer, Papaya
Linalool	Weit verbreitet, z. B. Ingwer, Muskat, Zimt, Citrusöle, Papaya, Feijoa, Beli
Geraniol	Weit verbreitet, z. B. Muskat, Lorbeer, Citrusöle, Erdbeer-Guave, Tamarinde
Geranial	Limette, Tamarinde
Neral	Limette
Citral	Ingwer, Zimt, Piment, Pfeffer, Zitrone, Limette
Vanillin	In geringer Menge verbreitet, Vanille
Zimtaldehyd	Zimt, Tamarinde
Methylcinnamat	Guave
Ethylcinnamat	Guave, Tamarinde
Anethol	Verbreitet, z. B. Anis, Sternanis
Eugenol	Nelken, Piment, Sternanis, Muskat, Zimt, Lorbeer
Myristicin	Muskat
Zingiberen	Ingwer, Curcuma
Caryophyllen	Nelken, Pfeffer, Zimt, Guave, Erdbeer-Guave

Aromastoffe von Gewürzen und Obst

Terpene:

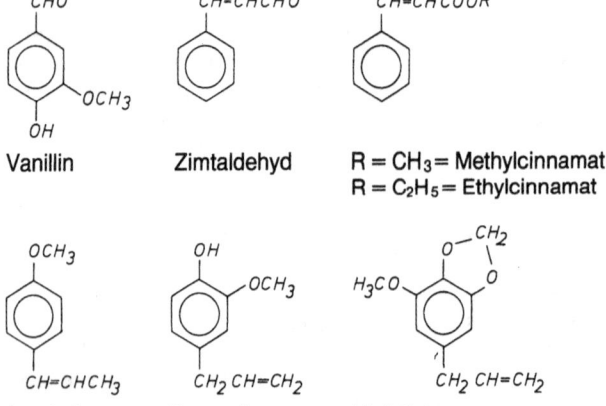

Myrcen Ocimen Limonen α-Phell- Linalool cis: Geraniol, Citral
                         andren   trans: Nerol,
                                            als Aldehyde
                                            Geranial und
                                            Neral

Aromatische Verbindungen:

Vanillin Zimtaldehyd R = CH₃ = Methylcinnamat
                      R = C₂H₅ = Ethylcinnamat

Anethol Eugenol Myristicin

Sesquiterpene:

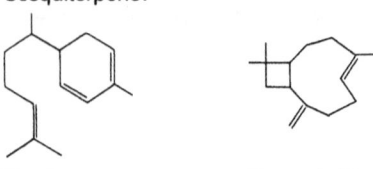

Zingiberen Caryophyllen

und Vanillelikör. In der Regel wird für Gewürzliköre eine Reihe verschiedener Gewürze, nach Geschmack abgestuft, verwendet. Bisweilen werden Gewürz-Macerate und/oder Destillate auch anderen Likören zugesetzt.

7.3. Die einzelnen Gewürze

Als *Cardamomen* (Malabar-Kardamomen) werden die nahezu reifen Früchte von *Elettaria cardamomum*, einer an der Malabarküste heimischen *Zingiberaceae*, gehandelt. Ihre bräunlichgrauen Früchte sind stumpf-dreikantige, dreifächrige Kapseln, 10-15 mm lang und bis 8 mm breit. – Cardamomen sind eines der feinsten Gewürze. Sie geben Lebkuchen, Spekulatius, Pfeffernüssen und Gewürzkuchen den typischen „weihnachtlichen" Geruch und Geschmack. Sie sind daher Bestandteil aller auf dem Markt befindlichen Weihnachtsgebäckmischungen.

In Gewürzmischungen für verschiedene Wurstwaren ist dieses Gewürz ebenfalls enthalten; es kann auch für eine große Zahl von Fleischgerichten wie auch alkoholischen Getränken verwendet werden. – Zur Unterscheidung von den Samen anderer *Elettaria*-Arten, die auch Würzwert haben, werden Cardamomen als ganze Früchte gehandelt. Das eigentliche Gewürz stellen die kleinen Samen dar; die Fruchtschale hat nur einen geringen Würzwert.

Die länglichen (1,5-3 cm lang) und orange bis rot gefärbten *Chillies (Capsicum frutescens;* Fam. *Solanaceae)* sind die kleinsten, aber schärfsten Verwandten des Gewürzpaprikas. Die brennende Schärfe beruht auf einem hohen Gehalt an *Capsaicin* (0,4-1,0%). Gemahlen werden sie oft als Cayennepfeffer gehandelt; dabei haben sie mit Pfeffer botanisch nichts zu tun. Hauptexportland ist Indien. Chillies sind ein pikantes, feuriges Gewürz und sollten sehr sparsam verwendet werden. Sie gehören vor allem in die südamerikanische Küche. Mit Chillies können alle scharfen Fisch-, Fleisch- und Geflügelgerichte und viele Gemüsearten sparsam gewürzt werden. Sie geben auch dem deutschen „Eintopf" eine pikante Note. Da Chillies im Gegensatz zu Pfeffer keinen so charakteristischen Eigengeschmack, sondern nur Schärfe besitzen, kann man sie überall da verwenden, wo zur Abrundung eine pikante Hintergrundschärfe erwünscht ist.

Zahlreiche scharfe Würzsoßen enthalten Chillies, z. B. die Chillisoße und die fast ausschließlich aus Cayennepfeffer bestehende Tabascosoße (indonesisch Sambal Oelek). Chillisoßen werden in verschiedenen Geschmacksrichtungen – scharf, mittel, mildsüß – aus Thailand, aber auch aus China, über Hongkong und aus anderen fernöstlichen Ländern importiert. Ebenfalls meist aus Thailand kommen Chillipasten mit verschiedenen Zusätzen wie Tomaten, Fisch, Mango, Bean Oil etc.

Curcuma (Gelbwurz) ist als Einzelgewürz bei uns so gut wie unbekannt, doch ist sie eine der wichtigsten Bestandteile des Curry-Pulvers, dem sie die kräftige gelbe Farbe gibt. Curcuma *(Curcuma longa)* ist als *Zingiberaceae* dem Ingwer verwandt und sieht ihm als Pflanze sehr ähnlich. Verwendet werden die bis 4 cm dicken schmutzig-gelben bis gelbbraunen hornartigen harten Wurzelstücke (Rhizome). Sie sind flach, fingerförmig geteilt, mit deutlich markierten Knoten.

Curry, dieses angeblich echt indische Gewürz, ist in Wirklichkeit eine Erfindung der Engländer. Es stellt einen charakteristischen Vertreter einer Gewürzzubereitung (Gewürzmischung) dar. Es besteht hauptsächlich aus Curcuma (Gelbwurz), Chillies, Cardamomen, Koriander, römischem Kümmel, Zimt, Ingwer und anderen Gewürzen wie Gewürznelken, Pfeffer, Muskat. Hinzu kommen Kombinationsstoffe (bis 10%) wie Hülsenfruchtmehl, Stärke, Glucose und Speisesalz (bis 5%). Der Gehalt an Gewürzen muß mindestens 85% betragen. Je nach Herstellerfirma gibt es starke Geschmacksunterschiede, sie variieren von mild-würzig bis brennend-scharf.

Mit Curry kann man Fleisch-, Fisch- und Reisgerichte und viele Soßen würzen. Curry paßt geschmacklich vorzüglich zu pikanten Salatsoßen auf Mayonnaisebasis, z. B. zu Eier-, Geflügel-, Krabben- und Fischsalaten. Schmackhafte pikante Salate aus Bananen, Äpfeln und Ananas kann man mit Curry delikat abrunden. Frikassees und Ragouts lassen sich mit dem Gewürz interessant verändern.

Als *Gewürznelken* werden die getrockneten, kurz vor dem Aufblühen geernteten Blütenknospen des immergrünen Nelkenbaumes *(Syzygium aromaticum)* bezeichnet. Gewürznelken zählen zur Familie der Myrtengewächse *(Myrtaceae),* deren Vertreter sich als aromatische Pflanzen auszeichnen. Seit über 2000 Jahren werden sie im Orient, besonders in Indien und China, verwendet. Schon im 8. Jahrhundert wurden sie durch Araber nach Mitteleuropa gehandelt. Der Hauptbestandteil des ätherischen Öls ist das Eugenol, nach dem sie deutlich riechen.

Gewürznelken werden auf der ganzen Welt reichlich in Küche und zur Lebensmittelherstellung verwendet. So dienen sie z. B. zum Würzen von Brühen, Soßen, Schmorgerichten, Sauerkraut und Süßspeisen. In eine Beize gelegtes Wild schmeckt besonders gut, wenn Nelken mit in die Beize genommen wurden. Recht häufig wird das Gewürz in Marinaden für süßsaures Essiggemüse verwendet. Etwas fade schmeckende Früchte wie Birnen werden durch das intensive Nelkenaroma zu schmackhaften Nachtischen. Verschiedene andere Kompotte würzt man ebenfalls auf diese Weise. Heiße Früchtesuppen, z. B. aus Sauerkirschen oder Pflaumen, werden sehr lecker, wenn man sie mit einer Gewürznelke kocht. Das angenehme Nelkenaroma benutzt man für zahlreiche Getränke wie Glühwein, Punsch, Feuerzangenbowle. Das Gewürz darf auch im Weihnachtsgebäck nicht fehlen. Und schließlich wird es zur Wurstherstellung verwendet.

Ingwer (Zingiber officinale; Fam.: *Zingiberaceae)* wird seit dem Mittelalter in Europa lebhaft gehandelt. Die ornamentale schilfartige Pflanze entspringt einem kräftigen Wurzelstock (Rhizom) und erreicht etwa 1 m Höhe. Die Rhizome liefern das Gewürz; sie können bis 50 cm lang werden und erscheinen wie die Finger einer vergrößerten Hand.

Ingwer wird vor allem zu Backwaren verwendet. So ist das Gewürz in den Gewürzmischungen für Honigkuchen und Spekulatius enthalten. Obstsalaten und gekochtem Obst gibt Ingwer eine pikante Note und wird nicht zuletzt Süßspeisen, Suppen, Soßen, Gemüse und Getränken zugesetzt. Ingwer ist ein wichtiger Bestandteil des Curry-Pulvers. Er schmeckt mit allen anderen exotischen Gewürzen, wie Zimt, Cardamomen und Gewürznelken. In der asiatischen Küche kommt er häufig zusammen mit Fleisch, Geflügel, Fisch und Krustentieren auf den Tisch. Fleisch- und Wurstwaren können mit Ingwer gewürzt werden. Schweine- und auch Hammelbraten, vor dem Braten mit Ingwer eingerieben, erhalten einen interessanten Geschmack. Ebenso gut läßt sich Geflügelsalat damit delikat abschmecken. Auch sollte man das Gewürz einmal in einer Beize für Fisch und Wild versuchen.

Frischer Ingwer zählt z. B. zu den Grundgewürzen der vietnamesischen Küche. Man kann ihn mit Gewinn als würzende Gemüsebeilage verwenden. In Sirup eingelegt, gilt er als eine sehr feine Beilage zu Braten, Schinken, Wild und kalten Pasteten. Kompotte, Obstsalate, Tortenfüllungen, Rumtopf und Fleischsoßen werden dadurch verfeinert.

In England, wo man gern mit Ingwer würzt und ihn kandiert zum Tee reicht, gibt es zahlreiche Ingwergetränke. Am bekanntesten ist wohl das Ingwerbier. Ebenfalls ist Ingwerlikör für den Magen und zur Anregung der Verdauung bekannt. Mit unterschiedlichen Mengen von Mazerat und Destillat kann man diesen mehr oder weniger brennend nach Ingwer schmeckenden Likör mild oder scharf herstellen. Die brennende Schärfe des Mazerats geht nur in beschränktem Umfange ins Destillat über, während die typischen Aromastoffe in beiden, jedoch in feinerer Form im Destillat enthalten sind.

Der scharfe Geschmack des Ingwer beruht auf einer Reihe von Stoffen, während das ätherische Öl zu etwa 70% das Sesquiterpen *Zingiberen* enthält. Für das typische Aroma sind noch andere Stoffe verantwortlich.

Kapern bilden die noch fest geschlossenen, abgewelkten, in Essig oder Salzwasser eingelegten Blütenknospen des im Mittelmeergebiet kultivierten Kapernstrauches *(Capparis spinosa;* Fam.: *Capparaceae).* In Deutschland sind Kapern vor allem durch Königsberger Klopse, wobei sie zur Soße gehören, bekannt. Doch sie verfeinern auch viele andere säuerlichen Soßen und Salate.

Muskatnuß und *Macis* werden aus der Frucht des immergrünen Muskatnußbaumes *(Myristica fragrans;* Fam.: *Myristicaceae)* gewonnen. Wichtigstes Erzeugerland sind die Molukken oder Gewürzinseln geblieben, im Gegensatz zu den dort ebenfalls heimischen Gewürznelken. Im Mittelalter galten Muskatnüsse als eines der kostbarsten Gewürze. Die gelben, birnenförmigen 6-9 cm langen Steinfrüchte springen bei der Reife zweiklappig auf, und der dunkelbraune Samen, umhüllt von einem leuchtendroten, mehrfach zerschlitzten Samenmantel (Arillus), wird sichtbar. Der getrocknete fleischige Arillus kommt als Macis, oft fälschlich Muskatblüte genannt, in den Handel. Die getrockneten Samenkerne, fälschlich Nüsse bezeichnet, werden zum Schutze gegen Insektenbefall oft mit Kalkmilch behandelt und bekommen dadurch einen weißen Kalküberzug.

Der wirksame Stoff des ätherischen Öls ist das *Myristicin;* es weist psychoaktive, narkotische Eigenschaften auf.

Muskatnüsse werden vielseitig verwendet, zu Fleisch, Milchspeisen, Gemüse, Salaten, Soßen und warmen Getränken. Macis kann ebenso wie Muskatnuß eingesetzt werden, doch ist es in Deutschland in erster Linie als Gewürz für Süßspeisen und Gebäck, vornehmlich Weihnachtsgebäck, bekannt. Macis und Muskatnuß werden häufig bei der Wurstherstellung benutzt.

Piment (Pimenta dioica; Fam.: *Myrtaceae),* auch Nelkenpfeffer, Jamaikapfeffer, Englischgewürz, Neugewürz, Gewürzkörner, Pimento genannt und den Gewürznelken im Aroma ähnlich und botanisch nahe verwandt, wird als 5-8 mm große braune Früchte kurz vor der Reife geerntet und rasch getrocknet. Der Geruch erinnert an Eugenol, den Hauptbestandteil (65-80%) des ätherischen Öls, und an Zimt. – Piment kann sehr vielseitig verwendet werden. So dient es zu Backwaren wie Lebkuchen, Fleisch- und Gemüsegerichten, Salaten und Kompotten. Vor allem wird Piment als Würze von Marinaden und Beizen geschätzt, wozu man die ganzen Körner verwendet. Zur Herstellung von Wurstwaren ist es unentbehrlich. Auch in der Fischindustrie und zur Likörfabrikation wird Piment geschätzt. Die englische Küche nimmt das gemahlene Gewürz zum pikanten Abschmecken des berühmten Plumpuddings und zu zahlreichen Torten und Gebäcken. Ein Hauch dieses Gewürzes paßt auch zu verschiedenen Gemüsegerichten wie Kohlrabi, Rosenkohl und Spinat.

Sternanis (Illicium verum; Fam.: *Illiciaceae)* ist die reife getrocknete Sammelfrucht eines in Südchina heimischen und kultivierten Baumes. Sie riecht charakteristisch nach *Anethol,* dem Hauptbestandteil des ätherischen Öls. Damit sind Geruch und Geschmack dem Anis ähnlich; botanisch haben beide nichts miteinander zu tun. Die sternförmige Sammelfrucht besteht aus meist 8 Einzelfrüchten (Balgfrüchten), die radial um einen Fruchtträger angeordnet sind. Die einzelnen Balgfrüchte sind außen dunkelbraun, 10-20 mm lang und vorn zugespitzt. In der Küche verwendet man Sternanis wie Anis zum Würzen von süßen Speisen. Für original chinesische oder vietnamesische Rezepte allerdings ist Sternanis nicht durch Anis zu ersetzen und somit unentbehrlich zur Herstellung von exotischen Schweinefleisch-, Fisch- und Geflügelgerichten. Sternanis wird in den Speisen mitgekocht.

Vanille (Vanillestangen, Vanilleschoten) sind die geschlossenen vor der Reife gesammelten, zur Entwicklung des Aromas in besonderer Weise fermentierten und getrockneten 15-25 cm langen Kapselfrüchte der tropischen Orchidee *Vanilla planifolia*. Sie enthalten bis 4% Vanillin, das heute synthetisch hergestellt u.a. für Vanillezucker (1% Vanillin), Puddings und Speiseeis verwendet wird. Vanille verbessert erheblich den Geschmack aller gezuckerten Speisen und Lebensmittel und wird oft zum Aromatisieren verwendet. Haupthandelssorte in Europa ist die Bourbon-Vanille.

Unter *Zimt* versteht man die zumeist von den äußeren Gewebeschichten (Kork und primäre Rinde) ganz oder teilweise befreite, getrocknete Rinde von jungen Stämmen, Ästen oder Wurzelschößlingen verschiedener ostasiatischer *Cinnamomum*-Arten (Lorbeergewächse). Im Handel werden hauptsächlich Ceylon-, Padang-, Seychellen-, Saigon- und Chinesischer Zimt unterschieden, die von verschiedenen *Cinnamomum*-Arten stammen. Der geschmacklich feinere ist der Ceylonzimt *(Cinnamomum zeylanicum)*, dessen ätherisches Öl den würzig brennenden Geschmack durch *Eugenol* (4-10%) erhält. In den meisten Zimtarten ist der *Zimtaldehyd* Hauptbestandteil des ätherischen Öls, das zu etwa 2-3% vorkommt. Zimt wird in den sog. „Stangen" und als Zimtpulver gehandelt. Es findet vielseitige Verwendung als Küchengewürz, vor allem zu süßen Gerichten wie Milchreis und Obstkompott. In der arabischen und mexikanischen Küche gehört Zimt auch an viele Fleischgerichte. Zimtpulver dient häufig zur Herstellung von Feingebäck; man denke nur an Zimtsterne und Zimtplätzchen. Auch ist es in Gewürzmischungen für Lebkuchen enthalten. Füllungen für Gemüse wie Auberginen oder Tomaten lassen sich mit dem Gewürz apart abschmecken. Eine weitere schmackhafte Abwechslung ist eine mit Zimt gewürzte Füllung für Gänsebraten. Zahlreiche warme Getränke wie Punsch oder Glühwein würzt man außer mit Nelken und Zitronenschale mit Stangenzimt.

In der *indischen und der indonesischen Küche* ist eine Reihe weiterer Gewürze in Gebrauch, wie Sereh (Zitronengras) mit hohem *Citral*-Gehalt von *Cymbopogon citratus*, einer 80-150 cm hohen, der Reispflanze ähnlichen Grasart. Es dient zur Bereitung von Getränken sowie zur Würzung von Suppen und Gemüse („Sajoer" = indische Reistafel) mannigfaltigster Art und in Vietnam als Gewürz für Fleisch- und Fischgerichte. Es ist auch

Tabelle 18. Exotische Gewürze

Name	Botanische Bezeichnung	Baum/ Strauch/ Staude	Geschmack	Gehalt an ätherischen Ölen %	Wesentliche Anbauländer
Früchte					
Pfeffer, Schwarzer Weißer	*Piper nigrum*	Kletterstrauch	Scharf, brennend Scharf, brennend	1,2– 3,6 1,0– 2,4	Indien, Indonesien, Malaysia, Brasilien
Cubeben (Stielpfeffer)	*Piper cubeba*	Kletterstrauch	Scharf, brennend	6 –11	Indonesien, Malaysia
Piment	*Pimenta dioica*	5–10 m hoher Baum	Herb-würzig	4 –10	Zentralamerika, bes. Jamaica
Chillies (Cayennepfeffer)	*Capsicum frutescens*	Halbstrauch	Scharf, brennend		Indien, Mittel- und Südamerika, Afrika
Sternanis	*Illicium verum*	ca. 10 m hoher Baum	Würzig, brennend	5 – 8	China, Japan
Cardamomen	*Elettaria cardamomum*	Staude	Würzig, brennend	3,5– 7	Tropen, bes. Südindien, Sri Lanka
Vanille	*Vanilla planifolia*	Kletterstrauch	Würzig, leicht, bitter	2 – 4 Vanillin	Madagaskar, Mexico, Sri Lanka, Java
Samen					
Muskatnuß	*Myristica fragrans*	bis 18 m hoher Baum	Würzig, etwas prickelnd	6 –15	Indonesien, Molukken, Sri Lanka, Südindien, Westindien
Macis	*Myristica fragrans*		Würzig, brennend	5 –17	

Tabelle 18 (Fortsetzung)

Name	Botanische Bezeichnung	Baum/ Strauch/ Staude	Geschmack	Gehalt an ätherischen Ölen%	Wesentliche Anbauländer
Blüten und Blütenteile					
Gewürznelken	*Syzygium aromaticum* (*Jambosa caryophyllus*)	bis 15 m hoher Baum	Würzig, brennend	14 –20	Tropen, bes. Indonesien, Sansibar, Madagaskar
Wurzelstöcke (Rhizome)					
Ingwer	*Zingiber officinale*	Staude	Würzig, scharf, brennend	0,6– 3,4	Indien, Jamaika, Westafrika, China
Galgant	*Alpinia officinarum*	Staude	Würzig, brennend	0,5– 1,5	Süd-China, Südostasien, Indonesien (dort „Laos" genannt)
Zitwer	*Curcuma zedoaria*	Staude	Würzig, etwas bitter	0,8– 1,5	Indien, Sri Lanka
Curcuma	*Curcuma longa*	Staude	Würzig scharf, etwas bitter	2 – 6	Südostasien (Indien), Indonesien
Alle 4 Gewürze und die Cardamomen gehören zur Familie der Zingiberaceae (Ingwergewächse)					
Blätter					
Lorbeerblätter	*Laurus nobilis*	Baum	Würzig, bitter, leicht prickelnd	1,2– 3,0	Mittelmeerländer
Auch Lorbeerfrüchte werden als Gewürz verwendet					

auf dem deutschen Markt erhältlich. Wir finden es in den meisten der im Handel befindlichen indisch/indonesischen Gewürzmischungen (z.B. Boemboe Sesatè) sowie in manchen pastenartigen indonesischen Mischgewürzen (z.B. Sambal Asem). In letzterem ist auch Tamarindenmus (siehe S. 59) enthalten. In pulverförmigen Mischgewürzen (Boemboe für indische Reistafel) und scharfen pastenförmigen Zubereitungen (Sambal) sind auch Kemiri (Kemirie-Nüsse) von *Aleurites moluccanus,* Peteh-Bohnen von *Parkia speciosa,* indisches Zitronenblatt („Daoen Djeroek Poeroet") von *Citrus hystrix* und indisches Lorbeerblatt („Daoen Salam") von *Eugenia polyantha,* die natürlich auch als Einzelgewürz eingesetzt werden, anzutreffen. Bis auf Sereh sind die Stammpflanzen Bäume. Zur indischen Reistafel zählt auch Kentjoer, der Wurzelstock von *Kaempferia galanga,* eine dem Ingwer verwandten Staude.

Aufbewahrung von Gewürzen

Die ätherischen Öle, die Geruch und Geschmack bestimmen, sind leicht flüchtig und lichtempfindlich. Höhere Temperaturen verursachen einen raschen Verlust. Je nach Vermahlungsgrad erfolgt oft eine relativ starke Vergrößerung der Oberfläche; die ätherischen Öle sind dann den äußeren Einflüssen besonders ausgesetzt. Verdunstung, Autoxidation, Polymerisation, Hydrolysen und andere chemische Veränderungen können rascher ablaufen. Daher sollte man die aromatischen Gewürze möglichst in ungemahlenem Zustande, also ganz, zumindest in gut verschlossenen Behältnissen (eingefärbtes Glas, Porzellan, Aluminium) dunkel und trocken aufbewahren. Ein Dutzend Tüten voll verschiedener Gewürze, in einer Blechdose oder noch schlimmer in einer Schublade, wäre wohl der schlechteste Aufbewahrungsort. Die einzelnen Aromen überlagern sich sehr schnell; dadurch wird das ganze Sortiment unbrauchbar.

Literatur

Melchior, H., Kastner, H.: Gewürze (Band 2 der Grundlagen und Fortschritte der Lebensmitteluntersuchung). Berlin-Hamburg: Paul Parey 1974
Staesche, K.: In Handbuch der Lebensmittelchemie, Band VI (J. Schormüller, Hrsg.). Berlin-Heidelberg-New York: Springer 1970, S. 426-610
Weber, R.: Pflanzengewürze und Gewürzpflanzen aus aller Welt. Wittenberg: A. Ziemsen 1967

8. Ausblick auf exotische Lebensmittel des Tierreichs

Wie das Pflanzenreich liefert auch das Tierreich exotische Lebensmittel. Wir sollten hier allerdings weniger an Säugetiere und Vögel, sondern hauptsächlich an marine Lebewesen denken. Bei letzteren liegt heutzutage das Hauptgewicht und so wird es wohl auch bleiben.

8.1. Säugetiere und Vögel

Ohne Zweifel haben viele Wildtierarten der Subtropen und Tropen wie Bären, Antilopen, Hirsche, Rehe, Rinder oft ein schmackhaftes Fleisch. Bärentatzen sollen in China ein kulinarischer Genuß sein. Elefantenfüße gelten in Afrika und Indien als ausgezeichneter Leckerbissen. Zebuhöcker sind in Afrika, wo Zebus gehalten werden, eine Delikatesse.

Einschließlich der Vögel haben aber nur solche Tierarten als Lieferant exotischer Lebensmittel Bedeutung, die entweder gezüchtet werden können oder in (sehr) großen Mengen wild anfallen. So dürfte heute das Fleisch einer gar nicht so kleinen Zahl an Säugetieren in der Welt erlaubt oder oft unerlaubt und/oder unter falscher Bezeichnung in den Handel gelangen, so daß sich die deutsche Lebensmittelüberwachung Gedanken macht, wie sie z. B. Gnu, Springbock, Rentier und Känguruharten über die Proteinpherogramme durch isoelektrische Fokussierung nachweisen kann. Darüber gibt es schon eine Reihe wissenschaftlicher Arbeiten.

Wenn es heute gelingt, diese oder jene schmackhafte Wildtierart mit finanziell vertretbarem Aufwand zu züchten, dann wird es nicht lange dauern und wir haben das Fleisch in unseren Kühltruhen. Nur bei den Tieren, die man jetzt und in Zukunft züchten kann, sehe ich eine Zukunft als exotisches Lebensmittel. So ist Rentierfleisch in USA bekannt. Dies gilt nicht für die Tierarten, die da und dort oft im Übermaß abgeschossen und so in ihrem Bestand dezimiert werden. Wir trinken die Milch der Kuh und kennen oft auch Schafs- und Ziegenkäse. In anderen Ländern haben zum Teil andere Milchtiere Bedeutung wie Kamel und Dromedar in Nordafrika und Esel, Büffel, Yak und Ren in anderen Gebieten.

Wir essen Schweine- und Rindfleisch. In ferneren Ländern stehen oft andere Rinderarten wie Wasserbüffel in Vietnam auf dem Speiseplan. Auch ist es in Vietnam durchaus üblich, Hundefleisch zu verzehren.

Wir kennen Wachteln und Wachteleier. Dieser Vogel ist bei uns bequem zu züchten. Würden mehr Wachteleier gegessen, würden halt mehr Wachteln gehalten werden. Sie legen übrigens pro kg Körpergewicht mehr Eimasse im Jahr als Hochleistungshühner!

In China schätzt man die Peking-Ente, und Schwalbennester der kleinen Salanganschwalbe gelten als besonderer Leckerbissen. Die Nester bestehen aus den eingetrockneten, durchscheinend weißlichen und bräunlichen Absonderungen der stark entwickelten Speicheldrüse. Man weicht sie in warmem Wasser auf und ißt sie zerschnitten in einer Fleisch- oder Hühnerbrühe. Ein Zeichen ihrer Wertschätzung ist, daß auch künstliche Schwalbennester im Handel anzutreffen sind.

8.2. Seefische

Unter den Seefischen sind neben Hering *(Clupea harengus)*, Kabeljau oder Dorsch *(Gadus morhua)* und seinen Verwandten: Schellfisch *(Melanogrammus aeglefinus)*, Rot- oder Goldbarsch *(Sebastes marinus)*, Seehecht *(Merluccius merluccius)*, Wittling oder Merlan *(Merlangius merlangus)*,

Tabelle 19. Durchschnittliche Zusammensetzung mariner Lebensmittel

		Köhler (Pollack)	Felsenbarsche *(Sebastes)*	Weißer Thunfisch (Albacore) in Dosen	Plattfische	Garnelen
Wasser	%	77	79	66	81	78
Protein	%	20	19	25	17	18
Rohfett	%	0,9	1,8	8	0,8	0,8
Kohlenhydrate	%	0	0	0	0	1,5
Asche	%	1,3	1,2	1,3	1,2	1,4
Calcium	mg/100 g	-	-	26	12	63
Phosphor	mg/100 g	-	-	-	195	166
Eisen	mg/100 g	-	-	-	0,8	1,6

Das Fleisch aller Fische hat im allgemeinen eine recht ähnliche Zusammensetzung: 75–80% Wasser, 17–21% Protein (Eiweiß), ca 1,2% Asche (Mineralstoffe) und praktisch keine Kohlenhydrate. Der Fettgehalt beträgt in Seefischen meist unter 2%, in Heringen 10–20%, Thunfischen und Bonitos 3–20%, Makrelen 6–15% und Lachsen 5–16%.

amerik.: Whiting, Blauer Wittling *(Micromesistius poutassou)* nicht zuletzt Makrelen und Thunfische, aber auch andere Seehecht-Arten *(Merluccius*-Species) über die Weltmeere weit verbreitet. Hinzukommt als Kabeljau-Art der Köhler *(Pollachius virens)*, amerik.: Saithe, der bei uns als Seelachs gehandelt wird, obwohl er mit dem echten Lachs nichts zu tun hat.

Auch sind Anchovis (Sardellen)-Arten *(Engraulidae)*, mengenmäßig vor allem die peruanischen Anchovis *(Engraulis ringens)*, und Sardinen-Arten (oft *Sardinops* Species) als kleine heringartige Fische über die Weltmeere verbreitet wie der chilenische und japanische Pilchard *(Sardinops sagax* bzw. *S. melanosticta)* neben der europäischen Sardine *(Sardina pilchardus)*, bekannt als Ölsardine.

Dem Hering des Atlantik entspricht im Pazifik in Aussehen und Verwendung *Clupea pallasi* (amerik.: Herring), dem Kabeljau *Gadus macrocephalus* (amerik.: Cod; jap.: tara). Im nördlichen Pazifik hat der ziemlich schlanke, bis 65 cm lange Alaska-Pollack *(Theragra chalcogramma)* große wirtschaftliche Bedeutung. So betrug der japanische Fang 1970 ca. 2 400 000 t, der überwiegend zur Fischprodukten verarbeitet wurde.

Dem atlantischen Rot- oder Goldbarsch steht im Pazifik *Sebastes alutus* gegenüber. Daneben spielen dort weitere mehr oder weniger rotgefärbte Felsenbarsch-Arten *(Sebastes*-Species) als Rockfische oder auch Rotfische mit Längen von 25–70 cm eine größere Rolle. In Japan kommen

Tabelle 19 (Fortsetzung)

Langusten und Flußkrebse	Krabben	Abalone (Meeresschnecken)	Austern	Miesmuscheln	Kammmuscheln	Weitere (Clam)	Tintenfische (Kalmare, Octopus)
83	79	76	80	79	80	80 – 82	81
15	17	19	10	14	15	11 – 14	16
0,5	1,9	0,5	2	2,2	0,2	0,9– 1,9	0,9
1,2	0,5	3,4	6	3,3	3,3	1,3– 5,9	1
1,2	1,8	1,6	1,7	1,5	1,4	2,0– 2,3	1,0
77	43	37	85	88	26	69	12
201	175	191	150	236	208	150 –180	119
1,5	0,8	2,4	7,0	3,4	1,8	3,4– 7,5	0,5

Auch die Zusammensetzung des von anhaftendem Fettgewebe befreiten Muskelfleisches der Säugetiere ist in der Regel recht konstant und beträgt im Durchschnitt etwa 75% Wasser, 21% Eiweiß, 1–2% Fett und 1,2% Asche. Der Gehalt an Calcium beträgt etwa 10 und der an Eisen 2–3 mg/100 g Frischgewicht. Fettgewebe ist in wild lebenden Tieren meist nur gering vorhanden.

"Yellowtail" oder Japanischer Amberjack *(Seriola quinqueradiata)* und diverse "Croaker"-Arten hinzu.

Schließlich gibt es im Pazifik wie im Atlantik eine größere Zahl von Plattfischen (Flachfischen), die das Nahrungsangebot bereichern. Neben dem bei uns bekannten Heilbutt *(Hippoglossus hippoglossus)* und dem schwarzen Heilbutt *(Rheinhardtius hippoglossoides),* in USA als Greenland Halibut bezeichnet, spielen dort der Californische Heilbutt *(Paralichthys californicus)* und der Pazifische Heilbutt *(Hippoglossus stenolepsis)* eine Rolle. Weiterhin wird an den Küsten des Pazifik wie des Atlantik eine größere Zahl von Flunder-Arten und anderen Schollenartigen sowie Seezungen-Arten als Speisefische gefangen.

8.2.1. Makrelen und Thunfische

Makrelen und *Thunfische* zählen zu den Stachelflossern. Neben der in Deutschland als "Hering-Nachfolger" wohl bekannten Atlantischen Makrele *(Scomber scombrus)* spielen die Chub- oder Pazifische Makrele *(Scomber japonicus)* des östlichen und südöstlichen Atlantik und des nordwestlichen Pazifik und die Spanische Makrele *(Scomberomorus niphonius)* des Indopazifik eine große Rolle. Für Ostasien, besonders Japan, haben der bis 40 cm lange Saira *(Cololabis saira)* sowie die Jackmakrele *(Trachurus japonicus),* japan.: "Maazi", große Bedeutung. Darüber hinaus werden in der Welt andere zum Teil als Stöcker bezeichnete *Trachurus*-Arten wie die etwa 40 cm lange Bastard- oder Atlantische Pferdemakrele *(Trachurus trachurus),* die Chilenische Jackmakrele *(Trachurus murphyi)* und die Cap-Pferdemakrele *(Trachurus capensis)* verzehrt.

Eng verwandt mit den Makrelen sind die *Thunfische.* Hier wären der Weiße Thunfisch oder Albacore *(Thunnus alalunga),* der gewöhnliche Große oder Rote Thunfisch oder Bluefin *(Thunnus thynnus),* der Gelbflossen-Thunfisch oder Yellowfin *(Thunnus albacares)* und der Großaugen-Thunfisch oder Bigeye *(Thunnus obesus)* sowie der Gestreifte Thunfisch oder Echte Bonito *(Katsuwonus pelamis)* zu nennen.

Der Große oder Rote Thunfisch wird oft 2,5–3,0 m lang und bis 300 kg schwer, ein beeindruckendes Gewicht für einen Fisch. Er kommt in der gesamten gemäßigten bis heißen Zone aller Ozeane vor. In Japan gilt sein Fleisch in rohem Zustande als Delikatesse.

Der Großaugen-Thunfisch wird bis 2 m lang und bis 200 kg schwer. Er tritt hauptsächlich im Atlantik auf. Der ähnlich große Gelbflossen-Thunfisch ist durch seine gelbrot gefärbten, relativ langen Brustflossen und die Afterflosse charakterisiert. Er wird vor allem im Pazifik vor Kalifornien gefischt. Sehr geschätzt wird in USA wegen seines weißen Fleisches der Weiße Thunfisch. Er wird bis 1,10 m lang und bis etwa 30 kg schwer und ist in den wärmeren Zonen der Ozeane verbreitet. Der Echte Bonito (amerik.: Skipjacktuna, jap.: kutsuo) erreicht oft nur 70 cm Länge und 5 kg Gewicht. Er ist der im Pazifik am häufigsten gefangene Thunfisch mit einem Anteil von etwa 45% am gesamten Welt-Thunfisch-Fang. Seine Rückenstücke, gegart und in bestimmter Weise geräuchert und getrocknet, sind in Japan als „Katsuobushi" hoch geschätzt. Sie dienen geschabt oder gerieben zur Herstellung von Bouillon oder als Würze und werden auch in Suppen gerieben. Eine ähnliche Größe erreicht auch der Unechte Bonito *(Sarda sarda)*, dessen Fangmenge erheblich geringer als die der vorstehenden Arten ist.

Auch der dunkelblaue Schwertfisch, „Swordfish" *(Xiphias gladius)* gehört zu den Makrelenartigen. Er wird bis 4 m lang und erreicht 100-150 kg. Sein besonderes Merkmal ist der schwertförmige Kopffortsatz, der etwa ein Drittel der Körperlänge erreicht. Wie das Fleisch der Thunfische soll auch sein Fleisch durch Einlegen in Öl an Wohlgeschmack gewinnen.

Als weitere Stachelflosser werden in Ostasien Meeräschen, „Mullet", *(Mugil* Species) und Seebarsche in sehr großen Mengen als Speisefische angelandet.

8.2.2. Haifische

Vielen deutschen Verbrauchern ist unbekannt, daß Haifisch-Spezialitäten auch in Deutschland seit alten Zeiten eine Rolle spielen. So wird Räucherfisch aus Haien - angeblich wegen einer Abneigung der Verbraucher gegenüber Haifischen - unter Phantasiebezeichnungen verkauft, z. B. Seeaal, Schillerlocken, Kalbfisch und Speckfisch. Eine Reihe von Haifischarten, von denen es etwa 250 gibt, hat in den Tropen und Subtropen ernährungswirtschaftliche Bedeutung. Das Fleisch einiger Arten gilt als recht wertvoll, das anderer Arten ist weniger schmackhaft. Besonders geschätzt sind oft die Leberöle.

Haifischflossen, die Rückenflossen einiger Haiarten, wie des etwa 1 m langen Katzenhais *(Scyliorhinus* Species) oder 3-4 m langen Blauhais *(Prionace glauca),* gelten in Ostasien als Leckerbissen. Sie werden oft getrocknet. Mit Wein, exotischen Gewürzen und kräftigen Fleischauszügen von Schinken und Geflügel kann man die Haifischflossen zu einer delikaten, klaren Suppe verkochen. In den Verarbeitungsbetrieben werden sie zunächst über Nacht eingeweicht und etwa 20 min gekocht; dann wird das

150   Ausblick auf exotische Lebensmittel des Tierreichs

Fleisch abgeschabt, in Streifen geschnitten und auf komplizierte Weise getrocknet.

8.2.3. Lachse

Dem bei uns so teuer bezahlten Lachs *(Salmo salar)* sind die pazifischen Lachse nahe verwandt. Auch sie ziehen im Frühjahr bis Sommer zum Laichen die Flüsse hinauf, während sie ihr Leben im Salzwasser des nördlichen Pazifik verbringen. Der größte unter ihnen ist der Königslachs *(Oncorhynchus tschawytscha)*, amerik.: King salmon oder Chinook, mit einem Durchschnittsgewicht von 10 kg. Er ist der Lachs der großen Ströme Asiens. Sein Fleisch wird als vorzüglich geschätzt. Der Rotlachs oder Blaurückenlachs *(O. nerka)*, amerik.: Sokeye, wird nur etwa 2–4 kg schwer. Sein rotes Fleisch ist ebenfalls sehr beliebt. Weiterhin spielen als Speisefische der Rosalachs oder Buckellachs *(O. gorbuscha)*, amerik.: Pink salmon, mit ca. 2,5 kg, der etwas größere Silberlachs *(O. kisutch)*, amerik.: Coho, und der Chumlachs *(O. keta)* eine Rolle.

Die pazifischen Lachse sind die Nutzfische par excellence des nördlichen Pazifik. Ihr Ertrag erreicht etwa 500 000 t pro Jahr, während auf beiden Seiten des Atlantik nur wenige 1000 t Lachs gefangen werden.

8.3. Fischerzeugnisse des Fernen Ostens und Südostasiens

Im Fernen Osten spielt Fisch eine sehr große Rolle. In Japan sollen mehr als 150 Fischarten auf die Fischmärkte der größeren Städte gelangen. Reis und Fisch sind dort lebenswichtige Nahrungsmittel. So stammten 1969 24% des von der Bevölkerung aufgenommenen Eiweißes aus Fisch und Krustentieren und 27% aus Reis. Bezüglich der angelandeten Fischmenge steht der Alaska-Pollack mit 27% an der Spitze, gefolgt von Makrelen mit 13%. Alle anderen Fischarten liegen bei unter 5%. Der gesalzene Rogen des Alaska-Pollack wird als „Tarako" geschätzt. Eine Reihe weiterer Produkte wird aus dem Fleisch dieser Fischart gewonnen.

So ist es verständlich, daß eine Reihe von Fischprodukten aus dem Fernen Osten auf den deutschen Markt gelangt, wie Anchovy Fish, Anchoviscreme, eingelegter Fisch (Pickled Cap Fish), Fisch in Salz eingelegt, gebratener Fisch, „Fischeier".

In Essig eingelegter und mit Zucker zubereiteter Fisch bildet mit den mürbe gewordenen Gräten eine besondere Delikatesse der chinesischen Küche und wird auch in Japan gern verzehrt.

Ebenfalls wird getrockneter Fisch aus Fernost importiert wie Stockfisch, Makrelen, Sardinen, Haifischflossen (aus China). Zum Teil sind die Produkte nur als „Fisch" oder „kleine Seefische" bezeichnet, ohne daß man erkennen kann, um welche Arten es sich tatsächlich handelt.
    Seit einiger Zeit wird in Japan auch Fischwurst, hauptsächlich unter Verwendung von Thunfischfleisch hergestellt.
    Enzymatisch gereifte Fischprodukte haben in Südostasien große Bedeutung. Sie werden in Fischsoßen, Fischpasten und Produkte aus ganzem Fisch unterteilt. Fischsoßen und -pasten spielen in Südostasien, wo Sojabohnen schlecht gedeihen, die gleiche Rolle in der Ernährung wie Sojasoße und -paste in Japan und China.
    Fischsoßen werden in beträchtlichen Mengen z. B. auf den Philippinen („Patis", durch Filtration von der Fischpaste „Bagoong" gewonnen), in Vietnam („Nuoc-nam"), Thailand („Nam-pla") und Malaysia („Budu") produziert und gelangen zu uns als thailändische etc. Fischsoße. Sie unterscheiden sich ebenso wie die Fischpasten erheblich in Aussehen, Geschmack, Aroma und Farbe, je nach verwendeten Fischarten etc. und der Herstellung. Ganze kleine Fische und/oder Garnelen werden mit einer notwendigen beträchtlichen Menge Salz (oft 4–5 Teile Kochsalz auf 6 Teile Fisch) in geeignete große Behältnisse eingestampft, diese luftdicht verschlossen und sich selbst überlassen. Es kommt mehr und mehr zu einer Verflüssigung und zunehmend zu einer Braunfärbung. Durch die Wirkung der enthaltenen Enzyme werden die Proteine zu Peptiden und Aminosäuren hydrolysiert. Allmählich, oft in Monaten, entsteht die gewünschte Fischsoße mit ihrem typischen Geschmack und Aroma. Sie wird vom Rückstand abgegossen oder abgepreßt. Das Aroma der klaren braunen Fischsoßen, die etwa 20–25% Kochsalz enthalten, wird als fleisch- und käseartig, etwas nach Ammoniak, beschrieben. In Vietnam ist eine Mahlzeit ohne Nuoc-nam undenkbar.
    Von größerer Bedeutung für die Ernährung Südostasiens sind die *Fischpasten,* die vor allem zum Würzen der Reisgerichte dienen. Sie werden in verschiedener Weise unter Zusatz der erforderlichen Menge Kochsalz aus kleinen oder zerkleinerten Fischen oder Fischteilen und/oder Garnelen hergestellt. Entweder wird das Gut sofort in geeignete Behältnisse eingetragen oder zuvor einige Stunden bis etwa einen Tag vorgetrocknet und dann zerkleinert, ehe es der anschließenden Fermentation (Reifung) unter Luftabschluß überlassen wird. Auch gibt es Fischpasten, die durch anschließendes Trocknen und gutes Durchkneten gewonnen werden. Bekannte Fischpasten sind Bagoong der Philippinen, Belachan (Garnelenpaste) Malaysias, verschiedene Mam Vietnams, Prahoc Kambodschas, Padec Laos, Kapi Thailands, Ngapi Burmas, Trassi Indonesiens und Joetkal Koreas.

Häufig werden Fischpasten mit gegartem Reis oder Reiskleie hergestellt. So wird z. B. das Balao-balao der Philippinen durch mehrtägige Reifung von ganzen rohen Garnelen, gegartem Reis und Kochsalz gewonnen, wobei neben der Proteinhydrolyse auch Stärkehydrolyse und Milchsäuregärung eintreten.

Im allgemeinen kann man sagen: „Je ärmer der Haushalt, desto bedeutender ist die Fischpaste als Eiweißquelle".

Ähnlich wie die bei uns bekannten Sardellen werden in Südostasien aus diversen ganzen Fischen in verschiedener Weise gesalzene gereifte Produkte gewonnen wie „Pedah-Siam" und „Pindang" Indonesiens.

In Japan werden etwa 25% der ohnehin sehr hohen Menge an angelandetem Fisch zu „Kamaboko" verarbeitet. Hierzu wird das Fleisch von rohen Fischen wie Makrelen und Alaska-Pollack maschinell abgetrennt und in kaltem Wasser gewaschen, wodurch Farbe und Geruch erheblich verbessert werden. Das Fleisch wird zerkleinert und mit Salz und anderen Ingredienzien 30-50 min zu einer pastenartigen Masse gut vermengt. Durch kurzes Kochen wird eine gelee-artige Konsistenz erzielt. Anschließend wird abgekühlt. Kamaboko enthält nur etwa 2,5-3,5% Kochsalz.

Auch ist in Japan roher Fisch, möglichst lebend frisch, in dünne Scheiben geschnitten, mit Sojasoße und Meerrettich als „Sashimi" eine Delikatesse. Dazu wird warmer Reiswein (Saké) getrunken. Allerdings kommen hierfür nur wenige Fischarten in Frage: Roter Thunfisch, Echter Bonito, Karpfen und Roter Tai. Roter Tai *(Pagrosomus major)*, japan.: madai, zählt zu den Seebrassen, die in Japan geschätzt werden.

Auch bilden fliegende Fische *(Exocoetidae)* eine besondere Delikatesse auf japanischen Fischmärkten.

Schließlich wird in Japan *Fugu*, bestimmte Teile des Fleisches von *Kugelfischen (Tetraodontidae)*, als eine spezielle Delikatesse geschätzt. Dabei sind Kugelfische sehr giftig. Das vor allem in den Ovarien und Testes, der Leber und den Eingeweiden enthaltene Tetrodotoxin zählt zu den stärksten Nichtprotein-Giften. Fleisch und Haut weisen nur wenig davon auf. Die Fische werden in speziellen Restaurants durch Köche, die das Diplom einer „Fugu-Schule" besitzen müssen, zubereitet. Nach wie vor zählen Vergiftungen durch Tetrodotoxin zu den zahlenmäßig bedeutenden Vergiftungen im ostasiatischen und pazifischen Raum. Übrigens gibt es in der Welt eine beträchtliche Zahl von giftigen Fisch-Arten!

Tetrodotoxin

8.4. Süßwasserfische

Die Zahl der in der Welt verzehrten Süßwasserfische ist Legion. Wir können hier daher nur einige wenige wichtige herausgreifen.

In China und Japan schätzt man die Karpfen, wie den Graskarpfen *(Ctenopharyngodon idellus),* Silberkarpfen *(Hypophtalmichtys molitrix),* Schwarzen Karpfen *(Mylopharyngodon piceus)* und die etwa 30 cm lange Silberkarausche *(Carassius auratus),* aber auch in Japan den dort heimischen Aal *(Anguilla japonica)* und Forellen. Auch wird in Japan der süßlich schmeckende, bis 30 cm lange Ayu *(Plecoglossus altivelis)* seit langem als Speisefisch geschätzt.

In Nordamerika sind neben unserem Hecht *(Esox lucius)* Muskelunke *(Esox masquinongy)* und Pickerel oder Chain *(Esox niger)* als weitere Hechtarten bekannt. Bei den Renken, die kleine bis mittelgroße Lachsfische darstellen, sind Chub (*Coregonus* Species), Cisco *(Coregonus artedii)* und Lake-Weißfisch *(Coregonus clupeaformis)* zu nennen. Zu den *Coregonus*-Arten gehören die Blaufelchen des Bodensees und die im Seengebiet von Schleswig-Holstein gefangenen kleinen Maränen. Unter den Saibling-Arten, von denen wir in Deutschland den Bach- und Seesaibling kennen, seien Dolly Varden *(Salvelinus malma),* Lake trout *(Salvelinus namaycush)* und Trout oder Brook *(Salvelinus fontinalis)* erwähnt.

Als „Perch" werden der gelbe Barsch *(Perca flavescens)* und der weiße Barsch *(Roccus americanus)* verspeist. An weiteren *Roccus*-Arten sind „White Bass" *(Roccus chrysops)* und „Striped Bass" *(Roccus saxatilis)* zu erwähnen.

Ein wichtiges Produkt der USA-Fischfarmen in Mississippi, Arkansas und Louisiana ist Catfisch *(Ictalurus punctatus).*

8.5. Krebstiere (Krustentiere)

Die Bedeutung der Krebstiere wächst in der Fischwirtschaft von Jahr zu Jahr. So fallen für Ernährungszwecke jährlich über 2 000 000 t an. Es sind in der Regel Zehnfüßige Krebse *(Decapoda)*, bei denen Schwimmende Krebse wie Geißel-, Tiefsee-, Fels- und Sandgarnelen und Kriechende Krebse unterschieden werden. Von letzteren kennen wir z. B. den Hummer der europäischen Küstengewässer, die ihm ähnliche Languste, den Fluß- oder Edelkrebs („Hummer des Süßwassers") und den Taschenkrebs.

Die Zahl der auf unserer Erde für Ernährungszwecke genutzten Krebsarten ist sehr groß. Nur zu einem ganz geringen Teil sind sie in europäischen Gewässern beheimatet. Viele werden aber als Konserven nach Deutschland importiert. Häufig tragen diese Produkte Handelsbezeichnungen, die nicht der zoologischen Bezeichnung entsprechen und in vielen Fällen für mehrere Arten gelten.

8.5.1. Schwimmende Krebse (Garnelen)

Garnelen besiedeln die Meere von den Uferregionen bis in große Tiefen. Sie leben trotz ihrer Schwimmfähigkeit gewöhnlich am Boden und erheben sich nur zeitweise zum Nahrungsfang. Wir kennen die kleine langschwänzige *Nordseekrabbe (Crangon crangon)* von Fischspezialitäten her. Zoologisch ist sie keine Krabbe, sondern eine *Sandgarnele!* An der Küste wird sie auch als Granat bezeichnet.

Geißelgarnelen leben in tiefem Wasser und sind teilweise von beachtlicher Größe und hervorragendem Geschmack. Die 10–20, bisweilen bis 30 cm langen Garnelen stammen hauptsächlich von verschiedenen *Penaeus*-Arten. Sie werden vor allem in USA gefangen, z. B. *Penaeus aztecus* (braun) und *Penaeus setiferus* (weiß). Im Zentralwest-Pazifik sind *Penaeus merguiensis* und *Penaeus monodon* von wirtschaftlicher Bedeutung. Von China und Japan werden im Nordwest-Pazifik *Penaeus chinensis* und *Penaeus japonicus* ganzjährig gefangen. Letztere wird in Japan als „Kurumaebi" gehandelt. Die größeren Arten werden bei uns als „Riesengarnelen" bezeichnet, während „Hummerkrabbe" falsch (nicht verkehrsfähig) ist.

Von den *Tiefseegarnelen* ist z. B. die bis 12 cm lange Große Norwegische oder Grönlandkrabbe *(Pandalus borealis)* des Nordatlantiks bekannt. An anderen Stellen ist eine größere Zahl von *Pandalus*-Arten mehr oder weniger bedeutungsvoll. – In Südostasien spielen *Acetes*-Species wie *Acetes indicus* und *Acetes japonicus* eine Rolle.

Auch verschiedene *Felsgarnelen*-Arten (*Palaemon* Species) werden entweder frisch, gekocht, eingesalzen oder getrocknet auf den Markt gebracht. Ihre wirtschaftliche Bedeutung ist relativ gering.

Die Hauptbedeutung in der Welt haben die *Penaeus*- und *Pandalus*-Arten, die in USA als „Shrimps" (größere bisweilen als „Prawns") zusammengefaßt werden. Ihr Fleisch, das in den Inhaltsstoffen sehr ähnlich ist, kann naßkonserviert, tiefgefroren, getrocknet oder in verschiedener Weise zu Pasten verarbeitet werden. In Frankreich werden Garnelen als „Crevettes" bezeichnet.

Ein typisches indonesisches Gebäck aus Garnelen und Tapioka (siehe S. 97) ist *Kroepoek (Krupuk)*. Es wird auch in Deutschland angeboten. Aus fein geriebenen Garnelen und Tapiokamehl wird ein Teig geknetet, dieser in ganz dünne Scheiben geschnitten und sofort an der Sonne getrocknet. Wie Pommes frites wird Kroepoek in schwimmendem Öl gebacken. Das Backen darf nur einige Sekunden dauern, sonst werden sie braun und schmecken bitter. Kroepoek wird zur Reistafel serviert und schmeckt auch zum Aperitif gut.

8.5.2. Kriechende Krebse (außer Krabben)

Langusten sind wirtschaftlich besonders wichtige Krebstiere. Für sie ist charakteristisch, daß sie ihre Schwimmfähigkeit verloren haben und sich nur noch kriechend oder schreitend fortbewegen. Sie gehören zusammen mit dem Hummer seit altersher zu den bestbezahlten Krebsen. Sie unterscheiden sich von Hummer durch das Fehlen von Scheren an den ersten bis dritten Gangbeinpaaren.

Langusten kommen meist lebend auf den Markt. Es werden aber auch Langustenschwänze konserviert angeboten. Verzehrbar ist nur das Muskelfleisch des Hinterleibs. Die Langusten werden oft als Schaustücke für das kalte Buffet genutzt oder zu Cocktails, Salaten, Suppen usw. verarbeitet.

Wichtige Arten sind die Gemeine Languste *(Palinurus vulgaris)* Europas, 30-50 cm lang, die ähnlich große Kap-Languste *(Jasus lalandii), Panulirus cygnus* des Ostindischen Ozeans und *Panulirus argus* des Westatlantik (Karibik). Viele andere Arten sind weiterhin bekannt.

Die Kap-Languste wird in Südafrika und an den Küsten Australiens und Neuseelands als „Crayfish" oder kurz „Cray" gehandelt. Ihre Schwänze sind bei uns unter der Bezeichnung „Rock lobster" als Dauerkonserve im Handel und recht beliebt.

Nahe verwandt sind die 12-16 cm, maximal 25 cm langen *Flußkrebse* (*Astacus* und *Cambarus* Species). Letztere werden in USA als „Crayfish" gehandelt, während dort die *Palinurus-* und *Panulirus-*Species des Atlantik und Pazifik als „Spiny lobster" bekannt sind.

Bei den *Hummerartigen* steht bei uns der Europäische Hummer *(Homarus gammarus)* im Vordergrund; in Nordamerika (Atlantik) ist es der zum Teil etwas größere Amerikanische Hummer *(Homarus americanus),* dort als „Northern Lobster" bezeichnet. Hummer zeichnen sich durch besonders starke Scheren aus. In verschiedenen Ländern wird der Hummer in schwimmenden Hummerzuchtbetrieben unter günstigen Bedingungen gezüchtet.

Kaisergranat *(Nephrops norvegicus),* jetzt bei uns meist als Tiefseekrebs bezeichnet, ist kleiner, bis 20 cm lang, als der echte Hummer und hat wesentlich schmalere, aber längere Scherenbeine. Die Schwänze, die das meiste Fleisch enthalten, werden an Bord gekocht. In den Hauptfanggebieten werden auch Konserven hergestellt.

8.5.3. Krabben

Das Fleisch vieler Krabben wird zu „crab meat" in Dosen verarbeitet. Hierzu werden das Fleisch der Scheren und Beine und die Muskeln im Thorax verwendet.

Bei den relativ großen *Steinkrabben* hat vor allem die Kamtschatka-Krabbe *(Paralithodes camtschatica),* auch Königskrabbe (Königskrebs) oder (Alaska) King crab genannt, Bedeutung. Sie kommt hauptsächlich im Nordostpazifik und im Beringmeer vor und wird im wesentlichen von der Sowjet-Union und Japan gefangen. Bei dieser Krabbe beträgt die Spannbreite der Beine bis 120 cm und das Durchschnittsgewicht 5–6 kg; sie hat sehr viel Fleisch. Japan exportiert auch Krebse anderer Ordnungen als „King crab". – Eng verwandt sind die *Langostinos (Galatheidae)* des Südostpazifik.

An *Dreieckskrabben,* im Volksmunde auch als Seespinnen bezeichnet, wird z. B. die Eismeerkrabbe *(Chionoecetes opilio),* amerik.: Queen crab, japan.: „zuwagana", verwertet.

Taschenkrebse spielen in Amerika eine beträchtliche Rolle. Wirtschaftlich am meisten wird dort die etwa 20–25 cm breite Dungeness crab *(Cancer magister)* genutzt, ferner die Rock crab *(Cancer irroratus)* und die Red crab *(Cancer productus).*

Sie besitzen relativ viel und recht schmackhaftes Fleisch. Hauptfanggebiete liegen vor San Francisco, Portland und Seattle. In Japan hat *Cancer japonicus* wirtschaftliche Bedeutung. Mit Vorliebe werden frisch gehäutete Exemplare (soft crab) gefangen, deren Fleisch in Öl gebacken wird.

Von den *Schwimmkrabben* spielt die Blaukrabbe, Blue crab *(Callinectes sapidus)*, in USA (Atlantikküste) eine größere Rolle.

8.6. Weichtiere

Unter Weichtieren verstehen wir Schnecken, Muscheln und Tintenfische. Der Name „Weichtiere" ist auf die Eigenschaft ihrer Haut zurückzuführen, die sich durch die vielen, großen, schleimabsondernden Drüsenzellen „schlüpfrig" und „weich" anfühlt.

Ihr Artenreichtum ist gewaltig. So kennen wir etwa 85 000 Schnecken-Arten, 25 000 Muschel-Arten und 600 Tintenfisch-Arten. Die Bedeutung der Weichtiere für die Ernährung in der Welt nimmt zu. Der Gesamt-Weltertrag beträgt über 5 Millionen t. Wir können uns hier nur auf einige wenige wichtige Arten beschränken.

8.6.1. Schnecken

Die auch in deutschen Weinbergen auftretende 4–5 cm große Weinbergschnecke *(Helix pomatia)*, amerik.: „Snail", war ein Leckerbissen für die Klöster des Mittelalters während der Fastenzeit. Das heutige Angebot umfaßt als nahezu fertige Gerichte z. B. Schnecken in Kräuterbutter oder konservierte Weichkörper mit gereinigtem Gehäuse sowie Suppen. Zur Deckung des erhöhten Bedarfs an Schneckenfleisch wird vornehmlich aus Ostasien die Achatschnecke *(Achatina fulica)*, amerik.: „Giant African snail" eingeführt. Das Fleisch der Weinbergschnecke ist hellfarben, das der Achatschnecke dunkelfarben.

Von den Meeresschnecken haben die größte wirtschaftliche Bedeutung die sog. Seeohren (*Haliotis* Species), in USA „Abalone" und in Japan „Awabi" genannt, mit etwa 10 Arten. Die Schale dieser wohl stammesgeschichtlich ältesten Schnecken ähnelt einer Muschelschale und hat die Form eines Ohres. Beim näheren Hinsehen erkennt man die winzige erste Schneckenwindung. Der größte Teil besteht indessen aus der letzten halben Windung. Die Tiere haben als Bewohner der Brandungszonen einen breiten, flachen, muskulösen Fuß, mit dem sie sich auf Felsen festhalten. Die größten Arten werden bis zu 2 kg schwer und 25 cm breit.

Asiaten, besonders Japaner und Chinesen, sind Hauptkonsumenten dieser Weichtiere, die als Delikatesse und Aphrodisiakum gelten. Ein Markt für lebende Abalonen existiert nur in Japan, da für die Zubereitung von „Sashimi" (s. Seite 152) nur sehr frisches, rohes Material zu verwenden ist. Das älteste Produkt sind getrocknete Abalonen. Auch kann der Fuß gebraten, gedämpft und zu Konserven verarbeitet werden. Am bekanntesten ist die Abalonen-Suppe, die in unseren China-Restaurants in verschiedenen Variationen angeboten wird.

8.6.2. Muscheln, Austern

Wirtschaftlich wesentlich interessanter als die Schnecken sind die Muscheln, vor allem, wenn sie in größeren Kolonien oder Bänken vorkommen und daher leicht in beträchtlichen Mengen geerntet werden können. Muscheln sind von zwei durch ein „Schloß" miteinander verbundenen Schalen umgeben; durch einen Schließmuskel kann sich die Muschel öffnen oder schließen.

Die begehrtesten Muscheln gehören zur Familie der echten *Austern*. Ihre Schalen sind meist unregelmäßig rund und relativ flach. Auf der Oberseite haben beide Schalenseiten viele zyklische und radiäre Riefen. Die Farbe ist unansehnlich gelbbraun.

In Europa wird vor allem *Ostrea edulis* genutzt. In USA spielen Eastern oyster *(Crassostrea virginica)* des Atlantik und Pazifik und Pacific oyster *(Crassostrea gigas)* eine große Rolle. Letztere ist die bedeutendste japanische Auster. In den meisten Ländern existieren heute ausgedehnte Austernkulturen. In USA werden Austern auch gedämpft oder gebacken verzehrt.

An *Miesmuscheln*, auch Pfahlmuscheln genannt, spielen z. B. in USA die auch in Europa heimische Miesmuschel *(Mytilus edulis)* und andere *Mytilus*-Arten als „Mussels" eine Rolle.

An *Kamm-Muscheln* werden dort Bay scallop (*Pecten* Species) und Sea scallop *(Placopecten magellanicus)* gebacken oder gegrillt verzehrt. In japanischen Gewässern ist die Japanische Pilgermuschel oder Scallop *(Pecten yessoensis)* zu nennen. Kamm-Muscheln, zu denen auch die Jacobs-Pilger-Muschel *(Pecten jacobaeus)* zählt, sind ortsbewegliche, im Sande lebende Muscheln. Ihr Fleisch soll von vorzüglichem Geschmack sein, fest, aber nicht zäh.

An weiteren Muschelarten werden in USA u.a. eine Venusmuschel, Hard clam oder Quahog *(Mercenaria mercenaria)*, die Sand-Klaffmuschel, Soft clam *(Mya arenaria)*, Ocean Quahog *(Arctica islandica)* und Surf clam *(Spisula solidissima)* zur Ernährung genutzt. Clams können in Dosen konserviert werden. Aus dem Kochwasser der Muscheln kann ein Extrakt gewonnen werden, der als „Clam nektar" gehandelt wird. Auch sind „Clam fritters" bekannt, die zusammen mit Mehl, Butter und Eiern gebacken werden. In Japan wird aus dem Muschelfleisch auch ein Trockenprodukt für Suppen und andere Gerichte hergestellt. Von den Venusmuscheln wird in Japan z. B. *Venerupis japonica* genutzt. Als weitere bedeutende Muschelart wäre noch die Archenmuschel *(Anadara granosa)* zu nennen, die von Malaysia und Korea im Westpazifik in großen Mengen gefangen wird.

Aus dem Fernen Osten werden Muscheln ohne Angabe der Arten z. B. in Sojasoße oder Currysoße importiert.

Abschließend sei erwähnt, daß Muscheln Toxine (Giftstoffe) über die Nahrung aufnehmen und eine gewisse Zeit speichern können. So sind immer wieder Muschelvergiftungen in Nord-Europa, Nordamerika und Ostasien vorgekommen, z. B. nach Genuß von Austern und den bekannten Miesmuscheln. Die landläufige Annahme, daß solche Vergiftungen auf „verdorbenen" Muscheln beruhen, trifft nicht zu. Besonders treten Vergiftungen in den Monaten Mai bis September auf, während im Winter praktisch keine Vergiftungsfälle beobachtet wurden. Giftige sind von ungiftigen nach Geschmack und Aussehen nicht zu unterscheiden; auch der „Trick" mit der Verfärbung von Silberlöffeln ist Unsinn.

Eine gewisse Entgiftung soll man durch etwa 30 Minuten Kochen in Wasser, dem ein Eßlöffel Natriumhydrogencarbonat („Natron") pro Liter zugesetzt wurde, erreichen. Allerdings leidet dabei der typische Geschmack der Muscheln. Aus Sicherheitsgründen wenden wohl auch die Konservenhersteller dieses Verfahren an.

8.6.3. Tintenfische

Sie sind in den Mittelmeerländern, in China und Japan sehr beliebt. Tintenfische leben zwar im Wasser, sind aber keine Fische, sondern sog. Kopffüßler. Ihr Körper besteht aus dem Kopf mit kräftigen Fangarmen und sehr großen Augen sowie dem Rumpf. Er ist deutlich vom Kopf abgesetzt und enthält alle inneren Organe. Es gibt Zehnarmige (Tintenfische, Kalmare), wobei zwei Arme gewöhnlich länger und als Tastorgane ausgebildet sind, und Achtarmige (Kraken). Besonderes Merkmal ist ein Tintenbeutel; aus ihm wird bei Gefahr ein Farbstoff, die sog. Tinte, ausgestoßen. Tintenfische gewinnen wirtschaftlich immer mehr an Bedeutung; sie stellten 1980 ca. 30% des Gesamtweichtierfanges dar.

Der gemeine *Tintenfisch (Sepia officinalis)* ist mit einer Länge bis 30 cm und einem Gewicht bis 5 kg an den europäischen Küsten weit verbreitet. Oft mehr geschätzt werden Zwergtintenfische (*Sepiola* und *Sepietta* Species), häufig nicht mehr als 10 cm lang, weil sie ein zartes Fleisch haben.

Außerhalb Europas haben *Kalmare* (*Loligo* Species) mit einer Körperlänge (ohne Kopf und Schwanz) von 20–70 cm und Nacktaugenkalmare (Pfeilkalmare, *Omnastrephes* Species), bis 1,50 m lang, Bedeutung. Beide besitzen einen langen, schlanken Rumpf und sind in USA als „Squid" bekannt. In Japan wird zu 80–90% *Todarodes pacificus* gefischt.

Tintenfischfleisch wird roh, gekocht, gebraten, gebacken oder mariniert verzehrt. In Asien wird es zum Beispiel in Salzwasser gekocht, abgekühlt, die Haut entfernt und anschließend mariniert oder gebraten. Ebenfalls spielt das Trocknen (Sonnentrocknung) z. B. in Japan eine große Rolle. Auch gibt es gewürzte Trockenprodukte; eines davon ist „Surume". In Vietnam werden geröstete getrocknete Tintenfische gern als Zwischenmahlzeit geknabbert. Schließlich werden in Japan seit alter Zeit enzymatisch gereifte Produkte hergestellt, die als Delikatesse bei Saké-Parties verwendet werden: Die Eingeweide und die Augäpfel werden entfernt und die Arme mit Salz behandelt. Nach dem Waschen schneidet man den Rumpf und die Arme in kleine Stücke, mischt diese in einem Gefäß mit der Leber sowie etwas Salz. Das Gefäß wird luftdicht verschlossen und solange gelagert, bis durch Autolyse ein pastenartiges Produkt entstanden ist.

Von den *Kraken* wird der im Pazifik auftretende Octopus *(Octopus bimaculatus)* geschätzt. Das Fleisch der Octopus-Arten, die Spannweiten bis zu 3 m und ein Gewicht bis zu 50 kg erreichen können, ist fein und weiß und vor allem von mildem Geschmack.

8.7. Stachelhäuter

Als Spezialität wird in Ostasien *Trepang* geschätzt. Es wird aus dem Hautmuskelschlauch von Seegurken oder Seewalzen (*Holothuria*, *Stichopus* und anderen Species) durch Garen und Räuchern hergestellt und hauptsächlich in Suppen verspeist. Die Japaner verwenden vorwiegend *Stichopus japonicus* und bezeichnen das Produkt als „Iriko". Trepang-Suppe wird industriell aus Trepang und Auszügen aus Rindfleisch, Geflügel und Gewürzen, abgeschmeckt mit Wein, Weinbrand oder Portwein, angeboten.

Seegurken sind wie die anderen Stachelhäuter sehr weit verbreitet und bevölkern die Küsten praktisch aller tropischen und subtropischen Meere. Sie haben eine runde, längliche Gestalt und leben als Erdfresser von dem organischen Material, das ihnen der Meeresboden bietet. Zu ihrem Schutz haben sie Hautdrüsen, die ein giftiges Sekret abgeben. Vergiftungen können vor allem bei den Arten auftreten, die sog. Cuviersche Organe besitzen, das sind klebrige Schläuche, die im Gefahrenfalle aus der Bauchhöhle ausgestoßen werden. Sie müssen vor dem Verzehr von Seegurken vorsichtig entfernt werden. Holothurien-Toxin führt in leichten Fällen zu Verdauungsstörungen, in schweren Fällen zu Lähmungen und zum Tod. Zur Behandlung gibt es keine zuverlässige Methode.

In einigen, warmen Ländern Asiens werden auch Seeigel (*Echinoidea* Species) verzehrt. Rogen und Milch gelten zum Teil als Delikatesse. Die meisten Seeigel sind während der Fortpflanzung giftig, wobei das Gift in den Genitaldrüsen produziert wird. In der Regel wissen die ortsansässigen Küstenbewohner, wann man Seeigel verzehren kann. Aber auch die Stacheln der Seeigel können zu Vergiftungen führen.

8.8. Froschschenkel

Als Leckerbissen gelten Froschschenkel. Hierzu werden einige *Rana*-Arten verwendet, wie der grüne Wasserfrosch *(Rana esculenta)*, braune Grasfrosch *(Rana temporaria)* und Ochsenfrosch *(Rana catesbeiana)*. Paniert und gebacken oder gebraten werden sie als zarte schmackhafte Gerichte bezeichnet. Am besten sollen sie vor der Laichzeit und im Herbst schmekken. Froschschenkel werden z. B. aus Indien und Bangladesh, geröstet aus Japan importiert.

Es sei nicht verschwiegen, daß der weit verbreitete Wasserfrosch *(Rana esculenta)* in seinem Hautsekret vier Peptide enthält, die noch in hohen Verdünnungen toxisch wirken. Außer den Peptiden wurde noch ein stark hämolytisch wirkendes Protein isoliert.

8.9. Geröstete Insekten

Schließlich kann man geröstete Ameisen, Seidenraupen, Jungbienen und Grashüpfer, z. B. in 20-g-Päckchen aus Japan importiert, in Deutschland kaufen. Hierzu ist zu sagen, daß geröstete Ameisen in allen tropischen Ländern von Eingeborenen verzehrt werden, z. B. große Waldameisen in Afrika und Termiten in Südafrika. Oft wird nur das Abdomen (Hinterleib) gegessen. In Zucker oder Honig getaucht, sollen sie von Indianern Südamerikas als Leckerbissen angesehen werden. In den Ländern, in denen z. B. Wanderheuschrecken in Massen auftreten, läßt man sich diese nach Entfernung der Beine und Flügel in gerösteter Form munden.

Literatur

Bader, L.: Rund um die Reistafel. München: W. Heyne Verlag 1966 (Kroepoek)
Borgstrom, G.: Fish as Food, Vol. 1–4. New York-London: Academic Press 1961/1965
Habermehl, G.: Gift-Tiere und ihre Waffen, 3. Aufl. Berlin-Heidelberg-New York-Tokyo: Springer 1983
Kreuzer, R.: Fishery Products. West Byfleet, Surrey: Fishing News (Books) 1974
Ludorff, W., Meyer, V.: Fische und Fischerzeugnisse, 2. Aufl. Berlin-Hamburg: P. Parey 1973
Magno-Orejana, F.: Fermented Fish Products. In „Handbook of Tropical Foods" (H. T. Chan jr.). New York-Basel: Marcel Dekker 1983
Meyer-Waarden, P. F.: Krebstiere und Weichtiere. In „Handbuch der Lebensmittelchemie" (W. Schormüller, Hrsg.), Band III/2. Berlin-Heidelberg-New York: Springer 1968, S. 1549–1592
Pax, F.: Meeresprodukte. Ein Handwörterbuch der marinen Rohstoffe. Berlin: Gebr. Borntraeger 1962
Schenck, E.-G., Naundorf, G.: Lexikon der tropischen, subtropischen und mediterranen Nahrungs- und Genußmittel. Herford: Nicolaische Verlagsbuchhandlung 1966
Steinkraus, K. H.: Handbook of Indigenous Fermented Foods. New York-Basel: Marcel Dekker 1983, p. 487–526 (Fischsoßen und -pasten)
Watt, B. K., Merrill, A. L.: Composition of Foods, raw, processed, prepared. Agric. Handbook No. 8. US Dept. Agric., Washington 1963
Wheeler, A.: Das große Buch der Fische. Stuttgart: Eugen Ulmer 1977

9. Anhang

Tabelle 1. Durchschnittliche Zusammensetzung der Obstarten

		Empfehlungen für die Nährstoffzufuhr der DGE pro Tag		Mango	Kaschu-Apfel	Wi-Apfel	Avocado	Kiwi	Papaya
		m	w						
Wasser	%			80–82	85–90	86	65–78	80–85	86–90
Gesamtzucker	%			10–15	9–11	13,6	bis 3	9–11	7–10
Glucose	%			0,5–2,0		2,4		4–5	
Fructose	%			2,0–3,5		2,2		4–5	
Saccharose	%			7–11		9,0		1–2	
Rohprotein	%			0,4–0,8	0,8	0,5	1,3–2,6	0,5–1,2	0,4–0,7
Rohfett	%			0,1–0,4	0,1	0,3	5–25	0,2	0,1
Acidität	%			0,2–0,5	0,3–0,6		bis 0,2	1,1–1,6	0,04–0,15
Asche	%			0,3–0,5	0,3	0,4	0,9–1,6	0,5–1,0	0,4–0,6
Kalium	mg/100 g	3000–4000		165–190			400–700	260–450	160–240
Calcium	mg/100 g	800	800	10–20		10	8–16	20–40	15–30
Magnesium	mg/100 g	350	300	18			29	16–27	20–40
Phosphor	mg/100 g	800	800	10–17	10	22	30–50	25–50	10–20
Eisen	mg/100 g	12	18	0,3–0,5	0,5	0,3	0,5–1,5	0,5	0,2–0,5
β-Carotin	mg/100 g	ca. 5		0,5–5,0	0,2	0,2	0,1–0,4		0,5–1,0
Thiamin	mg/100 g	1,4	1,2	0,02–0,08	0,02	0,05	0,08–0,12	0,02	0,02–0,04
Riboflavin	mg/100 g	1,7	1,5	0,04–0,08	0,02	0,02	0,10–0,23	0,03	0,03–0,05
Niacin	mg/100 g	18	15	0,4–1,2	0,13	1,3	1,0–2,4	0,2–0,4	0,2–0,6
Vitamin C	mg/100 g	75	75	25–50	150–400	50	5–20	50–150	40–70

Tabelle 1 (Fortsetzung)

		Guaven	Ananas-Guave	Erdbeer-Guave	Rosen-Apfel	Surinam-Kirsche	Jambolan
Wasser	%	79 – 87	86	82	85	86	85
Gesamtzucker	%	4 – 8	6,0		6,8	5	
Glucose	%	3 – 5			3,0	1,4	
Fructose	%				2,0	1,1	
Saccharose	%	1 – 4			1,8	1,4	
Rohprotein	%	0,8 – 1,3	0,8	1,0	0,6	0,8	0,6
Rohfett	%	0,4 – 0,7		0,6	0,3	0,4	0,1
Acidität	%	0,3 – 1,0	1,0				
Asche	%	0,4 – 0,7	0,5	0,8	0,4	0,5	0,3
Kalium	mg/100 g		160				
Calcium	mg/100 g	15 – 25	8	34	29	9	2
Magnesium	mg/100 g	4					
Phosphor	mg/100 g	20 – 40	10	20	16	11	13
Eisen	mg/100 g	0,5 – 1,0		0,3	1,2	0,2	0,3
β-Carotin	mg/100 g	0 – 0,3		0 – 0,15	0,1	0,9	0
Thiamin	mg/100 g	0,02 – 0,05		0,03	0,02	0,03	
Riboflavin	mg/100 g	0,02 – 0,05		0,03	0,03	0,04	
Niacin	mg/100 g	0,5 – 1,2		0,6	0,8	0,3	0,2
Vitamin C	mg/100 g	100 – 300	30	37	22	30	31

Tabelle 1 (Fortsetzung)

		Granatapfelsaft	Passionsfruchtsaft	Limettensaft	Pampelmuse	Kumquat
Wasser	%	82 – 85	81 – 87	90	90	81
Gesamtzucker	%	12 – 16	6,0 – 10,5	0,7		8,5 – 10,5
Glucose	%		2,0 – 5,0			5,5 – 7,4
Fructose	%		2,0 – 5,0			
Saccharose	%		1,0 – 4,0			
Rohprotein	%	0,3 – 0,8	0,5 – 1,0	0,4		0,9
Rohfett	%		0,1	0,1	0,1	0,1
Acidität	%	0,3 – 1,0	2,0 – 5,0	6		4,0 – 4,5
Asche	%	0,3 – 0,5	0,5 – 0,8	0,3	0,5	0,36 – 0,40
Kalium	mg/100 g	200 – 250	220 – 350	100		118 – 131
Calcium	mg/100 g	3	4 – 10	7	7	36 – 47
Magnesium	mg/100 g	3	10 – 18			14
Phosphor	mg/100 g	10	13 – 27	10	21	18 – 22
Eisen	mg/100 g	0,2	0,2 – 0,4	0,2	0,2	0,4
β-Carotin	mg/100 g	0	0,3 – 0,9	0	0	0,4
Thiamin	mg/100 g	0,02	bis 0,04	0,02	0,03	0,10 – 0,13
Riboflavin	mg/100 g	0,03	0,10	0,02	0,03	0,10
Niacin	mg/100 g	0,2	1,5 – 3,0	0,2	0,2	
Vitamin C	mg/100 g	5 – 20	10 – 30	30	40	40 – 52

Tabelle 1 (Fortsetzung)

		Litschi	Longan	Rambutan	Cherimoya	Guanabana, Sauersack	Süßsack, Zuckerapfel	Netzanonne	Atemoya
Wasser	%	79 – 83	82	82	80	82	71 – 76	72	79
Gesamtzucker	%	11 – 17	15	15	13,6	11	19 – 22	21	15
Glucose	%			} 5	} 8,9	2,3	} 18 – 21		5,5
Fructose	%					1,8			5,5
Saccharose	%				4,5	6,6			4
Rohprotein	%	0,8 – 1,0	1,0	1,0	2,1	1,0	0,9	1,7	1,4
Rohfett	%	0,2	0,1	0,1	0,4	0,3	0,3	0,6	0,6
Acidität	%	0,2 – 0,5		1,5	0,6	1,0	0,3 – 0,4		0,6
Asche	%	0,4 – 0,5	0,7	0,4	0,9	0,7	0,6 – 1,0	1,0	0,6
Kalium	mg/100 g	120 –200		64		265	275		250
Calcium	mg/100 g	5 – 10	10	20	15	14	22	27	17
Magnesium	mg/100 g	10							32
Phosphor	mg/100 g	25 – 35	42	15	40	27	41	20	
Eisen	mg/100 g	0,3 – 0,5	1,2	1,9	0,6	0,6	0,6	0,8	0,3
β-Carotin	mg/100 g	0		0	0	0	0	0	0,01
Thiamin	mg/100 g	0,02– 0,04		0,01	0,09	0,07	0,10	0,08	0,05
Riboflavin	mg/100 g	0,04– 0,06		0,06	0,11	0,05	0,14	0,10	0,08
Niacin	mg/100 g	0,3 – 1,3		0,4	1,0	0,9	1,0	0,5	0,8
Vitamin C	mg/100 g	30 – 40		53	25	20	15	22	43

Anhang   167

Tabelle 1 (Fortsetzung)

		Kaki (Japanische Persimmone)	Mango-stane	Mammey-Apfel	Sapodille	Mammey-Sapote	Grüne Sapote	Star-Apfel
Wasser	%	79 – 83	80	86	76	65	70	80
Gesamtzucker	%	14 – 19	17	11	19	14	21	
Glucose	%	7			6		3,4	
Fructose	%	8			6		1,4	
Saccharose	%	1			7		16	
Rohprotein	%	0,4 – 0,7	0,7	0,5	0,5	1,8	1,7	1,0
Rohfett	%	0,1 – 0,3	0,8	0,5	1,1	0,6	0,5	
Acidität	%	0,1 – 0,3		0,8	0,2	0,12		
Asche	%	0,4 – 0,7	0,2	0,3	0,5	1,1	1,1	
Kalium	mg/100 g	130 – 170			193			
Calcium	mg/100 g	6 – 14	18	11	21	39	35	15
Magnesium	mg/100 g	8						
Phosphor	mg/100 g	20	11	11	12	28	20	
Eisen	mg/100 g	0,3	0,3	0,7	0,8	1,0	0,4	0,6
β-Carotin	mg/100 g	1,3 – 1,6	0	0,1	0,04		0,4	0
Thiamin	mg/100 g	0,02	0,06	0,02	0,02	0,01		0,04
Riboflavin	mg/100 g	0,02	0,01	0,04	0,02	0,02	0,05	0,04
Niacin	mg/100 g	0,3		0,4	0,2	1,8	1,6	0,5
Vitamin C	mg/100 g	20 – 50	2	14	14	20	29	10

Tabelle 1 (Fortsetzung)

		Tamarinden	Brotfrucht	Jackfrucht	Durian
Wasser	%	31	71	72	60
Gesamtzucker	%	35		14,6	
Glucose	%			6,0	
Fructose	%			1,7	
Saccharose	%			6,9	
Rohprotein	%	2,8	1,7	1,3	2
Rohfett	%	0,6	0,3	0,3	1
Acidität	%	12 –24			
Asche	%	2,7	1,0	1,0	1,2
Kalium	mg/100 g	780	440	410	
Calcium	mg/100 g	74	33	22	18
Magnesium	mg/100 g				
Phosphor	mg/100 g	113	32	38	28
Eisen	mg/100 g	1,0	1,2	0,6	1,0
β-Carotin	mg/100 g	0,02	0,02		
Thiamin	mg/100 g	0,30	0,11	0,03	
Riboflavin	mg/100 g	0,14	0,03		
Niacin	mg/100 g	1,2	0,9	0,4	
Vitamin C	mg/100 g	2	29	8	40

Tabelle 1 (Fortsetzung)

		Kaktusfeigen	Naranjilla	Baumtomate	Kapstachelbeere
Wasser	%	85	90	86	85
Gesamtzucker	%	9 -15		5	
Glucose	%			1,5	
Fructose	%			1,5	
Saccharose	%	0		2	
Rohprotein	%	0,2	0,9	1,9	1,9
Rohfett	%	0,1	0,1	1,2	0,7
Acidität	%	bis 0,18	2,5	1,5	
Asche	%	0,4	0,6	0,8	0,8
Kalium	mg/100 g	90		320	
Calcium	mg/100 g	24	14	11	9
Magnesium	mg/100 g			21	
Phosphor	mg/100 g	28	41	39	40
Eisen	mg/100 g	0,3	0,5	0,6	1,0
β-Carotin	mg/100 g	0,04	0,1	2,1	0,4 - 1,0
Thiamin	mg/100 g	0,01	0,06	0,12	0,11
Riboflavin	mg/100 g	0,03	0,04	0,04	0,04
Niacin	mg/100 g	0,4	1,5	1,2	2,8
Vitamin C	mg/100 g	25	60	30	11 -42

Tabelle 1 (Fortsetzung)

		Boysen-beere	Logan-beere	Schwarze Himbeere	Kultur-heidelbeere	Kultur-preiselbeere
Wasser	%	87	85	81	83	87
Gesamtzucker	%	5,3	3,4	7		6,5
Glucose	%	4,2				} 6,3
Fructose	%					
Saccharose	%	1,1				
Rohprotein	%	0,5	Spuren	0,4	0,7	0,4
Rohfett	%	0,3		0,9	0,5	Spuren
Acidität	%	1,5	2,6	0,6	0,5	2,3
Asche	%	0,3			0,3	0,2
Kalium	mg/100 g	150	260	200	80	75
Calcium	mg/100 g	25	35	30	15	10
Magnesium	mg/100 g	18	25	30	6	8
Phosphor	mg/100 g	24	24	22	13	11
Eisen	mg/100 g	1,6	1,4	0,9	1,0	1,1
β-Carotin	mg/100 g	0,1	0,08		0,06	0,02
Thiamin	mg/100 g	0,02	0,02		0,03	0,03
Riboflavin	mg/100 g	0,13	0,03		0,06	0,02
Niacin	mg/100 g	1,0	0,4		0,5	0,1
Vitamin C	mg/100 g	13	35	18	14	12

Tabelle 1 (Fortsetzung)

		Acerola	Carissa	Jujube	Karambole	Japanische Mispel
Wasser	%	92	81	70	90	88
Gesamtzucker	%	5	15	25	3,2	10
Glucose	%				1,6	
Fructose	%				1,2	
Saccharose	%				0,4	
Rohprotein	%	0,4	0,5	1,2	0,7	0,4
Rohfett	%	0,3	1,3	0,2	0,5	0,2
Acidität	%			0,4	1,0	0,9
Asche	%	0,4	0,4	0,8	0,4	0,5
Kalium	mg/100 g	83		270	190	210
Calcium	mg/100 g	12	17	29	4	20
Magnesium	mg/100 g					10
Phosphor	mg/100 g	11	11	37	17	20
Eisen	mg/100 g	0,2		0,7		0,4
β-Carotin	mg/100 g		0,02	0,01	0,02	0,4 –1,1
Thiamin	mg/100 g	0,02	0,04	0,02	0,04	0,02
Riboflavin	mg/100 g	0,06	0,06	0,04	0,02	0,02
Niacin	mg/100 g	0,4	0,2	0,9	0,3	0,2
Vitamin C	mg/100 g	1000 –2000	38	70	35	5

10. Sachverzeichnis

Die Seiten der hauptsächlichen Besprechung sowie die Seiten mit Formeln sind *kursiv* gedruckt.

Abalone 147, *157*
Aburage 119
Acerola *72*, 171
Achars 15
Achia 104
Achira 107
Advokaat 22
Adzukibohne 113
Ätherische Öle 43, 134, 135, 142, 143
Akee *73*
Alaska-Pollack 147, 150, 152
Albacore 146, 148
Aldehyde 24, 30, 48, 65, 71, 84, 91, 135
Alkaloide 28, 91, 134
Alkohole 12, 24, 27, 30, 43, 48, 65, 71, 75, 84, 135
Alkoholika aus Agaven *129*
Alkoholische Getränke *127-132*
Amaranth 89, *106*
Aminosäuren, s. Eiweiß
Ananas 1, 7, 28
Ananas-Guave *31*, 164
Anethol 135, *136*, 140
Annona-Arten 7, *47-51*
Antheraxanthin 11, 52
Anthocyanine 6, 21, 34, *35*, 45, 54, 67, 69, 70, 71, 72, 90
Äpfelsäure, s. Säuren
Aprikose, Japan. 76
Aromastoffe 6, 12, 13, 16, 19, 24, 27, 30, 31, 32, 37, 43, 45, 48, 53, 56, 58, 62, 63, 65, 71, 73, 75, 76, 84, 85, 91, 92, 131, 135, *136*
Arracacha *107*
Arrowroot 98

Artischocke 88, *91*
Asam 59
Asche = Mineralstoffgehalt
Ascorbinsäure 6, 12, 20, 24, 27, 28, 30, 37, 52, 56, 58, 60, 65, 72, 73, 75, 81, 88, 89, 95, 105, 114, 118, *163-171*
Atemoya *51*, 166
Aubergine 7, 88, *90*
Auroxanthin *11*, 16, 37
Austern 147, *158*
Avocado 3, 7, 14, *18*, 46, 163

Babaco 25
Baelfrucht 73
Bakterien (Kulturen) 121, 122, 124, 130, 131
Ballaststoffe 6
Bambussprossen 89, *103*, 105
Banane, s. Kochbanane
Bananenbier 127
Bantubier *131*
Barbados-Kirsche 72
Barbecue-Soße 59, 122
Basella 106
Basi 128
Batate 88, *95*, 106
Baummelone = Papaya
Baumtomate *67*, 169
Beli *73*, 135
Bell-apple 37
Benzaldehyd 17, 56, 71, 72
Benzoesäure(-Verbindungen) 30, 31, 56, 71, 72
Benzylalkohol 71, 92
Benzylisothiocyanat 27

Sachverzeichnis

Bernsteinsäure *4, 5,* 24, 27, 43, 131
Betacyanine 65
Bier 127, 131
Bigeye 148
Birne, Japan. 76
Bitterorange 40
Bitterstoffe, Citrus 43, 44
Blaubeeren *70-72*
Blausäureglykosid 97, 104, 113
Bluefin 148
Boemboe 144
Bohnen *111,* 112, 114
Bonito 146, 148, 149, 152
Boysenbeeren *69,* 70, 127, 170
Brotfrucht 59, *60,* 168
Budu 151
Butanoate (Butansäureester) 12, 24, 30, 31, 38, 48
1-Butanol 27, 48, 62
Butternüsse 80, 81, *85*

Calcium 4, 81, 88, 89, 101, 107, 114, 118, 146, 147, 163-171
Callaloosuppe 95, 98
Capsaicin *134,* 137
Carato 49
Cardamomen 135, *137,* 138, 139, 142
Carissa *73,* 171
β-Carotin 6, *11,* 16, 20, 21, 30, 37, 52, 67, 72, 73, 76, 81, 88, 89, 107, 111, 163-171
Carotinoide 6, 11, 16, 21, 24, 27, 30, 37, 52, 67, 72, 75, 76
Caryophyllen 13, 32, 135, *136*
Cashew = Kaschu
Cassave 88, *97,* 99, 132, 155
Catechin *21,* 48, 56
Catfisch 153
Cattley-Guave = Erdbeer-Guave
Cayennepfeffer 137, 142
Champola 49
Chayote 88, *100*
Cherimoya *47,* 166
Chiang 120, 122, 123
Chicorée, Roter 93
Chillies 16, *137,* 138, 142
Chinasäure 4, 5, 24, 71, 90, *92*
Chironja *42*
Chlorogensäuren 21, 56, 90, *92*
Chrysantheme, Garland- *106*

Cinnamate (Zimtsäureester) 30, 58, 72, 135, *136*
Citral 43, 135, *136,* 141
Citronat 41
Citrusfrüchte 7, *39-44,* 135, 165
Clams 147, *158*
Colonche 128
Cranberry 70, *71,* 72
Crayfische 155
Crosne *108*
Cubeben 134, 142
p-Cumarsäure 90, *92*
Curcuma 135, *137,* 138, 143
Curry *138,* 139
Curuba 37
Cyanidin-glykoside 21, 34, *35,* 45, 54, 70, 71, 72
Cynarin *92*

Dattel, chinesische 74
Dattelpflaume *51*
Delphinidin-glykoside 34, *35,* 71, 90
Dewbeeren 69
Dihydrochalkone (Süßstoffe) 44
Durian *62,* 168

Edamame 117
Edelkastanien 80
Eibisch, eßbarer *93*
Eierfrucht *90*
Eisen 4, 24, 60, 81, 88, 89, 101, 114, 146, 147, 163-171
Eiweiß, Aminosäuren-Zusammensetzung 14, 82, 112
-, Gehalte (Roheiweiß) 4, 14, 20, 80, 81, 88, 89, 95, 101, 105, 107, 108, 109, 116, 119, 146, 147, 163-171
Emping 103
Epicatechin *21,* 48, 56
Erbse 112, 114
Erdbeer-Guave 14, 29, *31,* 135, 164
Erdkirsche 68
Ester 24, 30, 48, 62, 65, 71, 75, 131, 135, 136
Eugenol 135, *136,* 138, 140, 141

Farinha 97
Feijoa 29, *31,* 135
Felsenbarsche 146, 147
Fenni 127

Ferulasäure 72, *92*
Fett, Fettsäuren-Zusammensetzung 20, 82, *95*, 116
-, Gehalte (Rohfett) 3, 20, 80, 81, 88, 89, 108, 114, 116, 119, 146, 147, 163-171
Fischpasten *151*
Fischprodukte, enzymat. gereifte 151
Fischsoßen 151
Flaschenkürbis 100, 101, 102
Flavanon-glykoside, bittere 43, 44
Froschschenkel *161*
Fruchtnektare 8
Fruchtsäfte 8
Fruchtweine 46, 127
Fructose, s. Zucker
Fuchsschwanzarten 106
Fufu 99
Fugu 152
Fuju 124
Fumarsäure *4, 5*, 24
Furan-Verbindungen 12, 53, *84*, 85, 122

Galacturonsäure 24, 27
Galgant 143
Gallussäure-Verbindungen 52, 56
Gari 97
Garnelen 146, 151, *154*
Gaschromatographie 5, 13
Gelbwurz = Curcuma
Gemüse *87-109*
-, chem. Zusammensetzung 87, 88, 89, 90
Geraniol, Geranial 32, 38, 43, 58, 71, 135, *136*
Gewürze *133-144*
-, Aufbewahrung 144
Gewürznelken 135, *138*, 139, 143
Gewürzpaprika 137
Gherkin 100, *101*
Glucose, s. Zucker
Goijabada 31
Gold-Apfel 18
Gold-Orange 42
Gombo 93
Granadilla = Passionsfrüchte
Granatapfel 7, *33*, 127, 165
Grapefruit 7, 40, 44
Grenadine 35
Guacamole 22
Guanabana *48*, 166
Guarapo 49

Guave 7, 28, *29*, 39, 135, 164
Guayaba = Guave
Gurkengewächse *99-102*

Haifische u. -Flossen 149
Haselnuß, chinesische 46
Hassaku 42, 44
Hefen (Kulturen) 121, 122, 127, 128, 129, 131
Heidelbeeren, Kultur- 70, *71*, 72, 170
Herznüsse 80, 85
Hesperidin 44
Hexanal 17, 24, 30
1-Hexanol 12, 19, 30, 48, 53
2-Hexenal 12, 16, 24, 30, 71, 85
Hexenole 12, 19, 30, 53, 71, 76
Hexenylacetat 30, 38, 53
Hexylacetat 38, 53
Hickory-Nüsse 80, 81, 82, 83
Himbeer-Arten 69, 70, 170
Hommos 115
Honewort *107*
Honigwein 128
Hülsenfrüchte 57, *111-125*
-, Aminosäuren der Proteine 112
-, chem. Zusammensetzung 114
Hummer 156
Hummerkrabbe 154

Ilama *48*
Ingwer 135, *138*, 143
Ingwerbier 139
Insekten, geröstete *161*

Jabotica 33
Jackfrucht 59, *61*, 127, 168
Jambolan 33, 164
Japanknolle 108
Joetkal 151
Johannisbrot 57
Judaskirsche *68*
Jujube 74, 171

Kachuma 66
Kaffesäure 72, 90, *92*
Kaki 7, 14, *51*, 167
Kakifeigen 52
Kaktusfeigen *64*, 128, 169
Kalium 4, 60, 81, 88, 89, 101, 114, 163-171

Kamaboko 152
Kang Kong 106
Kaninchenauge-Blaubeeren 70, *71*
Kapern *139*
Kapi 151
Kapstachelbeere *68,* 169
Karambole 14, *75,* 171
Karpfen 153
Kaschu-Apfel *16,* 79, 82, 127, 163
Kaschukerne *79,* 80, 81, 82
Katsuobushi 149
Kaugummi 56
Kemiri, Kemirie-Nüsse 144
Kentjoer 144
Ketjap 120
Ketone 12, 24, 71, 75, 135
Kichererbse 112, 114, *115*
Kimtschi 89, *106*
Kinako 117, 119
Kiwi *23,* 127, 163
Knollenziest 108
Kochbanane 88, *99*
Kohlenhydrate 6
Kohlenhydrat-Gehalte 81, 88, 89, 114, 116, 119, 146, 147
Koji 121, 130
Koloquinthen 102
Koreila 102
Krabben 147, 154, *156*
Kraken 159, 160
Krebse *154–157*
Kroepoek (Krupuk) 155
Krustentiere *154–157*
Kryptoflavin 11, 27, 75
Kryptoxanthin 11, 16, 21, 27, 37, 67, 76
Kürbisse 99, 100, *101*
Kugelfische 152
Kumquat 39, *42,* 43, 44, 165

Lachse 146, *150*
Lady's finger 94
Lakake 128
Langsat 7, *75*
Langusten 147, *155*
Langustinos 156
Latex 29, 54, 55, 56, 73, 95, 97
Leguminosen *111–125*
–, chem. Zusammensetzung 112, 114
Limabohne 112, *113,* 114
Limette 17, 39, *40,* 41, 43, 165

Limonen 13, 16, 27, 43, 58, 75, 135, *136*
Linalool 27, 31, 38, 48, 71, 73, 135, *136*
Linamarin 97
Linolensäure 20, 82, 116
Linolsäure 20, 82, 95, 116
Litschi 7, *44,* 46, 166
Loganbeeren *69,* 70, 127, 170
Longan 14, *46,* 166
Lorbeerblätter 135, 143, 144
Lotusblume *108*
Lotusnüsse *108*
Lotuspflaume *53*
Lotuswurzeln *109*
Luffa 89, 101
Lulo 65
Lutein 21, 67, 72
Lychee 44, 166
Lycopin *11,* 27, 52

Macadamianüsse 80, 81, 82, *83*
Macis *139,* 142
Magnesium 60, 81, 88, 89, 114, 118, 163–171
Makrelen 146, *148,* 151
Malay-Apfel 33
Malvidin-glykoside *35,* 67, 71
Mam 151
Mammey-Apfel *54,* 167
Mammey-Sapote *56,* 167
Mandarinen 7, 40, 42, 43
Mandarinen-Orange = Satsuma-Mandarine
Manggis 53
Mango 7, *9,* 14, 28, 62, 135, 137, 163
Mango-Chutney 15, 16
Mangostane 7, *53,* 167
Maniok 97
Maracuja = Passionsfrucht
Maulbeere 59
Mescal *129*
Methylsalicylat 56, 58
Milchsaft = Latex
Milchsäure *4,* 5, 121, 122, 130, 131
Mil-Tomate *68*
Mineralstoff-Gehalt 4, 20, 60, 81, 88, 89, 101, 105, 114, 116, 119, 146, 147, 163–171
Mirliton *100*
Miso 119, 121, 122
Mispel, japan. 7, 14, *75,* 171

Mitsuba *107*
Molokhia *106*
Mombin 18
Moschuskürbis *101*
Mungbohne *112*, 114, 117
Muratina 128
Muscheln 147, *158*
Muskatnuß 135, 138, *139*, 142
Mutatoxanthin 11, 37, 75
Myrcen 13, 27, 135, *136*
Myristicin 71, 135, *136*, 140

Nam-pla 151
Naranjilla *65*, 169
Naringin 44
Natal-Pflaume *73*
Natrium 4
Natsudaidai *42*, 43, 44
Natto *124*
Nelken, s. Gewürznelken
Nelkenpfeffer = Piment
Neoxanthin 21, 72
Nerol, Neral 38, 43, 135, *136*
Netz-Annone 7, 50, *51*, 166
Ngapi 151
Niacin 28, 37, 60, 65, 73, 81, 88, 89, 114, 118, 163-171
Nochoctli 128
Nuoc-nam 151
Nüsse *79-86*
-, chem. Zusammensetzung 80, 81, 82

Obst *3-77*
-, chem. Zusammensetzung 6, 14, *163-171*
-, Inhaltsstoffe 3
-, Kühllagerung 7
Obstdauerwaren 8
Obsterzeugnisse 8
Obstweine 46, 127
Ocimen 12, 13, 27, 31, 135, *136*
Okra 88, *93*
Ölsäure 20, 82, 95, 116
Opuntien 64
Orange 7, 40
Orangeat 41
Orinoco-Apfel *66*
Otaheite-Apfel *18*
Oxalsäure *4*, 5, 24, 27, 75, 90, 104

Palmen 86, 104, 128
Palmenherzen *104*
Palmitinsäure 20, 82, 95, 116
Palmito *104*
Palmwein *128*
Pampelmuse 39, *40*, 44, 165
Papain 29
Papaya 7, 15, *25*, 39, 49, 127, 135, 163
Päonidin-glykoside *35*, 67, 71, 72
Passionsfrüchte 7, 28, *36*, 46, 127, 165
Pawpaw = Papaya
Pecan 80, 81, *82*
Pelargonidin-glykoside 34, *35*, 45, 67
Pepino 66
Persimmone, japan. = Kaki
Peteh-Bohnen 144
Pfeffer *133*, 135, 138, 142
Pfefferschoten, grüne *109*
Pfeilwurz *98*
Pflaume, Japan. *75*
Phaseolunatin 97, 113
α-Phellandren 135, *136*
β-Phenylethanol 45, 72, 75, 76
Phosphor, Phosphat 24, 81, 88, 89, 114, 146, 147, 163-171
Phytoen, Phytofluen 11, 37, 75
Pignolien 80, 81, *85*
Pilze 2
Piment 135, *140*, 142
Pinen 12, 13, 32
Piniennüsse, Pinon-Nüsse 80, 81, *85*
Piperin, Piperylin *134*
Pistazien 80, 81, 82, *85*
Pitanga 33
Plattfische 146, 148
Poi *98*
Pomelo = Pampelmuse
Pomerac 33
Pomeranze 40, *41*, 44
Prahoc 151
Preiselbeeren, Kultur- 70, *71*, 72, 170
Proanthocyanidine 16, *21*, 34, 48, 52, 56, 71
Protein, s. Eiweiß
Provitamin A = β-Carotin
Pulque 129
Pyrazine 58, *84*, 85

Quito-Orange *65*

Sachverzeichnis

Radicchio *93*
Rambutan *47,* 166
Reiswein, s. Saké
Rettich, japan., chines. 89, *107*
Riboflavin 37, 60, 73, 81, 88, 89, 114, 118, 163-171
Roselle *109*
Rosen-Apfel 32, 164
Rubus-Arten *69*

Saccharose, s. Zucker
Sago 86, 97
Saké 121, 124, *129,* 152
Sambal 144
Sapodille 14, 54, *55,* 167
Sapote 54, 56, 57, 167
Sashimi 152, 157
Satsuma-Mandarine 40, 42, 43
Sauerorange = Pomeranze
Sauersack *48,* 166
Säugetiere *145-146*
Säuren 4, 5, 12, 19, 24, 27, 30, 34, 43, 45, 49, 51, 58, 67, 71, 72, 76, 87, 89, 90, 98, 102, 104, 163-171
Schalenobst = Nüsse
Schalentiere = Krebstiere
Schimmelpilze (Kulturen) 121, 122, 123, 124, 129
Schlangengurke 102
Schnecken *157*
Schuppen-Annone 7, 50, *51*
Schwalbennester 146
Schwammgurke 100, 101
Schwefelhaltige Stoffe 63, 122, 135
Schweine-Pflaume 18
Schwertfisch 149
Seefische *146-152*
Seegurken 160
Seeigel 161
Seeohren *157*
Seetang 2
Seewalzen 160
Sereh 141
Sesamblätter 106
Sesquiterpene, s. Terpene
Shaddock 40
Shoyu = Sojasoße
Shrimps 155
Sojabohnen 112, 114, *115*
Sojabohnen-Käse 124

Sojabohnensprossen 113, *117*
Sojamilch 114, *118*
Sojapaste, s. Miso
Sojaprodukte *117-124*
Sojaquark = Tofu
Sojasoße 112, *120*
Solanin 91
Sorghum-Bier *131*
Spanische Pflaume 18
Spinat-Gemüse 89, 105-107
Spirituosen 132, 135, 136
Stachelannone 48
Stachelbeere, chinesische = Kiwi
Stachelhäuter *160*
Stärke 56, 87, 95, 97, 99, 102, 107
Starapfel *56,* 167
Stearinsäure 20, 82, 116
Sternanis 135, *140,* 142
Sternfrucht 75
Stinkfrucht = Durian
Sufu *124*
Surinam-Kirsche *33,* 164
Süßkartoffel = Batate
Süßlimette 40, *41,* 43
Süßsack 50, *51,* 166
Süßwasserfische *153*

Tahiti-Pflaume 18
Tamarillo *67*
Tamarinden und -mus 49, 57, *58, 59,* 127, 135, 144, 168
Tangerine 40
Tannin 34, 52, 54, 57
Tapioka-(Stärke) 97
Tarako 150
Taro 88, *98,* 106
Tempeh *123*
Tempojak 63
Tequila 129
Terpene 12, 13, 27, 38, 43, 45, 58, 71, 75, 92, 135
α-Terpineol 27, 38, 71
Tetrodotoxin *152, 153*
Thiamin 28, 37, 65, 73, 81, 88, 89, 111, 114, 118, 163-171
Thunfische 146, *148,* 152
Tintenfische 147, *159*
Toddy *128*
Tofu *118,* 119, 124
Tomatillo 68

Trassi 151
Trepang 160
Tupiro 66

Umeboshi 76
Urdbohne 112

Vaccinium-Arten 70
Vanille 135, *141*, 142
Vanillin 135, *136*, 141
Violaxanthin 11, 21, 27, 52, 72
Vitamin A, s. β-Carotin
Vitamin B_1 = Thiamin
Vitamin B_2 = Riboflavin
Vitamin C = Ascorbinsäure
Vögel 146

Wachskürbis 101
Walnüsse, schwarze 80, 81, 85
Wasserkastanien 89, *102*
Wassernuß 103
Wasserspinat 89, 106
Weichtiere *157-160*
Weinblätter 108
Weine 127
Weinsäure *4*, 5, 27, 58

Westindische Kirsche 72
Wi-Apfel *18*, 163
Wollmispel 75
Worcestershire-Soße 59, 122

Yam 88, *97*, 99
Yellowfin 148
Youngbeeren 69
Yuba 119

Zeaxanthin *11*, 52, 67
Zedratcitrone 40, *41*
Zichorien *93*
Zimt 135, 138, *141*
Zimtaldehyd 58, 135, 141
Zingiberen 135, *136*, 139
Zitronenblatt, indisches 144
Zitronengras 141
Zitronensäure, s. Säuren
Zitwer 143
Zucchini 100
Zucker-Apfel *51*, 166
Zuckergehalte 20, 34, 43, 45, 65, 73, 76, 88, 95, 102, 104, 130, 163-171
Zuckerrohr 2, 128

A. Fricker

Lebensmittel –
mit allen Sinnen prüfen!

Qualität – Aromastoffe – Geschmack – Sensorik

1984. 54 Abbildungen, 32 Tabellen. IX, 165 Seiten.
Broschiert DM 28,–. ISBN 3-540-13636-3

Aus den Besprechungen: „... In diesem kurzen und höchst lesenswerten Abriß der Lebensmittelsensorik beschreibt der in Fach, Literatur und Leben versierte Karlsruher Lebensmittelchemiker die sinnesphysiologischen Grundlagen seines Fachs, dann die wesentlichen chemischen Aromastoffe in den wichtigsten lebens- und Genußmitteln und schließlich die Methoden, wie ein ... Lebensmittelprüfer vorgeht, um eine objektivierte Subjektiv-Aussage zur Qualität zu machen. Ganz abgesehen vom Inhalt der Kapitel, der wissenschaftlich einwandfrei ist und auch vom Nichtspezialisten leicht verstanden werden kann, ist die Lektüre dieses ernsthaften Fachbuches ein seltenes, belustigendes und motivierendes Vergnügen für den neugierigen Laien. ..."   *DAAD LETTER*

„... für alle, die sich mit gutem Essen befassen und tiefer in diese Materie eindringen wollen, bieten die 165 Seiten dieses Buches eine Fülle neuer Erkenntnisse."   *Freude am Essen*

„... Der Autor hat es verstanden, ein wissenschaftlich hochinteressantes Thema nicht nur für den Fachmann, sondern auch für den interessierten Verbraucher verständlich zu machen, die Lektüre des Büchleins ist ein Genuß, es ist ihm weite Verbreitung zu wünschen."   *Lebensmitteltechnik*

Springer-Verlag
Berlin Heidelberg New York
London Paris Tokyo

G. Habermehl

Mitteleuropäische Giftpflanzen und ihre Wirkstoffe

Ein Buch für Biologen und Chemiker, Ärzte und Veterinäre, Apotheker und Toxikologen

1985. 7 Abbildungen, 2 Farbtafeln, XII, 137 Seiten. Broschiert DM 29,80.
ISBN 3-540-15084-6

Aus den Besprechungen: „... Ein naturwissenschaftliches Fachbuch, das auch für Laien benutzbar ... ist, hat Seltenheitswert. Und noch seltener ist es, daß dieser Effekt nicht durch journalistische oder belletristische Lockmittel erreicht wird. ...
Gerhard Habermehls Sprache ist wissenschaftlich knapp, präzise und verzichtet auf fachsimpelnden Berufsjargon. Unumgängliche Fachausdrücke sind in einem Glossar erklärt. Die sprachliche Straffheit hat es dem Autor erlaubt, den Inhalt weit über die unmittelbaren fachlichen Belange auszudehnen, ohne den Rahmen zu sprengen. Da gibt es Bezüge zur Kulturgeschichte, zur Geschichte der Wissenschaften, zur Kriminalistik und immer wieder zur Volksmedizin. ..."

Die Weltwoch

Springer-Verlag
Berlin Heidelberg New York
London Paris Tokyo

Springer

GPSR Compliance

The European Union's (EU) General Product Safety Regulation (GPSR) is a set of rules that requires consumer products to be safe and our obligations to ensure this.

If you have any concerns about our products, you can contact us on

ProductSafety@springernature.com

In case Publisher is established outside the EU, the EU authorized representative is:

Springer Nature Customer Service Center GmbH
Europaplatz 3
69115 Heidelberg, Germany

www.ingramcontent.com/pod-product-compliance
Lightning Source LLC
LaVergne TN
LVHW010259260326
834688LV00044B/1359